中共湖北省委政研室(省改革办)生态文明智库 2023 年开放基金重点项目
"长江流域典型与关键地带生态文明建设与高质量发展研究"
中共湖北省委政研室(省改革办)生态文明智库 2024 年开放基金重点项目
"长江流域林业生态文明建设与高质量发展研究"   共同资助
湖北省林业经济学会 2024 年重点项目
"湖北省林业生态文明建设与绿色高质量发展研究"

林业生态文明建设与绿色高质量发展研究

LINYE SHENGTAI WENMING JIANSHE YU LÜSE
GAOZHILIANG FAZHAN YANJIU

主编 邓宏兵 张 维 周忠诚

图书在版编目(CIP)数据

林业生态文明建设与绿色高质量发展研究/邓宏兵,张维,周忠诚主编.—武汉:中国地质大学出版社,2025.4.—ISBN 978-7-5625-6165-1

Ⅰ.S718.5;F326.23

中国国家版本馆 CIP 数据核字第 20251TY263 号

林业生态文明建设与绿色高质量发展研究	邓宏兵　张　维　周忠诚　**主编**

责任编辑:张玉洁	责任校对:张旻玥

出版发行:中国地质大学出版社(武汉市洪山区鲁磨路 388 号)	邮编:430074
电　　话:(027)67883511　　传　　真:(027)67883580	E-mail:cbb@cug.edu.cn
经　　销:全国新华书店	http://cugp.cug.edu.cn

开本:787mm×1092mm　1/16	字数:252 千字	印张:14.25
版次:2025 年 4 月第 1 版	印次:2025 年 4 月第 1 次印刷	
印刷:武汉中远印务有限公司		
ISBN 978-7-5625-6165-1		定价:68.00 元

如有印装质量问题请与印刷厂联系调换

《林业生态文明建设与绿色高质量发展研究》
编委会

主　编：邓宏兵　张　维　周忠诚
副主编：康文双　王瑞文　杨红军
编　委：何祥伟　刘恺雯　陈立峰
　　　　王玮琨　杨　柳　张天铃
　　　　黄　鑫　覃　纯　任　政
　　　　廖赫然　胡胜梅　焦弘睿
　　　　余雅君　江宇荪　覃　爽

目录 CONTENTS

上篇　总报告

林业生态文明建设与绿色高质量发展评估及对策研究 …………………（2）

中篇　专题报告："两山"理念实践案例

湖北省生漆产业发展对策及建议 ……………………………………（52）
十堰市生漆产业发展调研报告 ………………………………………（58）
"中国漆谷"战略构想与规划 …………………………………………（72）

下篇　专题报告：多维视角为长江经济带高质量发展"赋绿增能"

习近平生态文明思想的生动实践与深度落实——基于湖北省生态文明建设的思考 …………………………………………………………………（88）
基于知识图谱的 2000—2022 年我国森林碳汇研究可视化分析 ………（97）
基于近自然理念的流域综合治理林业方案实施对策 …………………（110）
新发展理念下湖北省林业生态文明建设路径初探 ……………………（117）

省域内森林生态价值横向补偿机制研究与政策实现——以湖北省为例……（124）
关于高质量推进"宜荆荆恩"森林城市群建设的宜昌思考………………（133）
湖北省不同海拔区域森林碳储量比较研究………………………………（143）
森林康养项目建设重难点及支持对策分析………………………………（151）
宜昌市森林康养旅游发展研究……………………………………………（158）
宜昌市林业科技创新助推"两山"转化的几种模式………………………（165）
宜昌市国有林场林下经济产业发展现状及对策研究……………………（172）
罗田县板栗产业发展现状及振兴对策……………………………………（183）
长江江豚首次野化放归的探索与实践……………………………………（193）
十堰市松材线虫病疫情防控策略探讨……………………………………（199）
咸宁市古树名木资源特征和保护策略研究………………………………（210）

上 篇

总 报 告

林业生态文明建设与绿色高质量发展评估及对策研究

邓宏兵[1]，康文双[1]，王玮琨[1,2]，张天铃[1,3]，黄鑫[1]，廖赫然[1]，周忠诚[4,5]

(1. 中国地质大学(武汉)经济管理学院，湖北武汉，430074；
2. 国家税务总局武汉市武昌区税务局，湖北武汉，430061；
3. 湖北省发展和改革委员会，湖北武汉，430000；
4. 湖北省林业经济学会，湖北武汉，430079；
5. 湖北生态工程职业技术学院，湖北武汉，430200)

摘　要：本报告基于习近平生态文明思想与绿色发展理念，构建了科学的评价指标体系，对林业生态文明建设水平和林业绿色高质量发展水平进行了量化评估。研究发现，中国31个省(区、市)的林业生态文明建设与绿色高质量发展取得了显著成效，其综合水平呈线性上升趋势。长江经济带作为绿色发展的重要区域，其林业生态文明建设水平与绿色高质量发展水平均较高，不过区域间仍存在差异。湖北省在林业生态文明建设中积极探索，但存在林业生态文明建设水平与绿色高质量发展水平整体偏低、省内各地区差距较大等问题。报告指出，当前林业发展仍面临生态环境监管不到位、林业科技创新体制不健全、林业经济形式单一等挑战，要进一步加强林草部门基层基础建设，强化森林资源保护和管理，加快林业产业转型升级，并加大科技创新与政策支持力度，以促进林业生态文明建设与绿色高质量发展的协同推进。

关键词：林业生态文明建设；绿色高质量发展；对策建议

林业生态文明建设与绿色高质量发展研究具有十分重要的意义，本报告在进行理论分析的基础上，重点从全国、长江经济带及湖北省三重视角进行了分析研究，从不同区域层级探讨林业生态文明建设与绿色高质量发展问题。

1 绪 论

1.1 研究背景与意义

1.1.1 研究背景

生态文明建设是关乎中华民族永续发展的根本大计,绿色发展是生态文明建设的必然要求。党的十八大以来,生态文明建设被纳入中国特色社会主义事业"五位一体"总体布局,上升到了前所未有的战略高度。绿水青山就是金山银山,林业建设是事关经济社会可持续发展的根本性问题,大力发展绿色林业经济是实现社会进步、促进经济转型中的重要环节。在党中央的正确领导下,经过不懈努力,中国林业建设取得了举世瞩目的伟大成就,走出了一条具有中国特色的发展之路。新中国成立之初,全国森林覆盖率仅有8.6%,经过70多年坚持不懈的植树造林,以及国土绿化和生态文明建设各项工作的深入推进,森林面积和蓄积量持续实现"双增长"。《2024年中国自然资源公报》显示:全国森林面积2.47亿 hm^2（$1hm^2=10~000m^2$）,人工林保存面积达9 240.87万 hm^2,居全球首位,森林覆盖率超25%,森林蓄积量206.76亿 m^3;全国共有草地26 321.57万 hm^2,其中,天然牧草地21 255.03万 hm^2,人工牧草地58.82万 hm^2,其他草地5 007.73万 hm^2;全国草原综合植被盖度稳定在50%以上。全国沙化土地扩展的态势得到遏制,自2004年以来,沙化和荒漠化土地面积持续缩减,天然林保护和国土绿化工作得到持续推动。近10年来,我国为全球贡献了1/4的新增森林面积,林业和草原生态建设为美丽中国建设和可持续发展作出了重要贡献。但是也要看到,我国自然生态本底脆弱,陆域生态脆弱区域占比较大,人与自然关系问题复杂,生态系统保护工作依然任重道远。为此,我们需要认真践行习近平生态文明思想,全面落实党中央关于生态文明建设的各项决策部署,着力推进林业生态空间治理、森林资源保护、林业产业发展等各项工作,以期实现林业生态文明建设与绿色高质量发展的协同并进。

长江经济带是中国重要的生态安全屏障和经济发展引擎。它覆盖我国11个省(市),横跨东、中、西三大板块,是中国践行"生态优先、绿色发展"理念的主战场,也是畅通国内国际双循环的主动脉、引领经济高质量发展的主阵地。长江流域生态地位突出。第九次全国森林资源清查(2014—2018年)资料显示,长江经济带森林面积较第八次清查增加了581.5万hm²,按照省市覆盖率推算,长江经济带森林覆盖率达到44.4%。长江经济带森林生态系统不仅是沿江绿色生态廊道的重要组成部分,更在涵养水源、保持水土、保护生物多样性等方面发挥着不可替代的作用。随着经济社会的发展,长江经济带在追求经济增长的同时,也面临着生态环境保护的挑战。天然林长期遭受过度砍伐、水土流失日益加剧、生态灾害频发等问题,这不仅威胁到长江经济带林业生态文明建设,也制约了经济绿色高质量发展。自2016年以来,习近平总书记从中华民族永续发展的战略高度出发,先后主持召开了4次长江经济带发展座谈会,并发表重要讲话。他明确指出,从长远来看,推动长江经济带高质量发展,根本上依赖于长江流域高质量的生态环境。坚持生态优先、绿色发展,不仅是对自然规律的尊重,也是对经济规律的尊重,良好的生态环境是高质量发展的基础和保障。保护森林资源,充分发挥天然林在长江流域生态保护修复中的基础支撑作用,不仅对维护长江安澜具有十分重要的作用,也是推动长江经济带发展、实现长江大保护战略目标的关键。我们要坚决按照党中央关于全面推动长江经济带发展的总体部署,充分发挥林业在生态文明建设中的主战场作用,奋力开创长江经济带林业保护新局面,筑牢长江大保护的生态屏障,为实现长江经济带高质量发展、可持续发展作出新贡献。

湖北林业生态文明建设与绿色发展基础良好,要率先为先行区建设作出贡献,并为全国林业生态文明建设与绿色发展提供示范。湖北省位于我国中部,地处长江流域的中段,拥有丰富的自然资源和独特的生态环境。湖北是林业大省、湿地大省,拥有全国最大的江河湖库复合淡水湿地生态系统。其中,全省林地面积13 920.20万亩(1亩≈666.67m²);湿地面积2 620.35万亩,约占全省总面积的9.4%①。林业资源是湖北省重要的自然资源之一,涵盖着森林、林地、湿地等生态系统,具有重要的生态、经济和社会价值。随着全球气候变暖、生态环境持续恶化,以及人口增长和经济发展的压力日益加剧,湖北省的林业生态文明建设与绿色高质量发展面临着前所未有的挑战和机遇。一是湖北省林业资源的分布

---

① 此处林地面积数据源于《湖北省第三次国土调查主要数据公报》,湿地面积数据源于《湖北省湿地保护规划(2023—2030年)》。

格局呈现出多样化特征。东部沿江一带的林木以优质阔叶林为主,形成了著名的"江汉樟楠"森林资源;中部地区以毛竹、箬竹等竹林资源为主;西部地区则以针叶林和针阔混交林为主。不同区域的林业资源差异性较大,如何实现资源合理配置和统筹利用是当前亟待解决的问题。二是湖北省林业生态环境面临着严峻的挑战。森林资源过度开发及破坏等问题日益凸显,林火、病虫害等自然灾害频发,生态系统脆弱性加剧,生态环境质量下降。同时,由于人口增长和城市化进程加快,土地资源承载的压力也在不断加大。如何保护和恢复湖北省的林业生态环境,实现绿色发展,成为当前急需解决的问题。三是在全国"绿水青山就是金山银山"的发展理念指导下,湖北省林业发展正向生态文明建设和绿色高质量发展方向迈进。林业不仅是生态保护的重要组成部分,也是经济增长的重要支撑。加大林业资源保护、生态修复和文明建设力度,推动林业产业结构升级和技术创新,实现经济效益、社会效益和生态效益的协调发展,是湖北省林业发展的必然选择。

1.1.2　研究意义

林业生态文明建设与绿色高质量发展研究具有重要的意义,从不同维度来看,可以归纳为以下几个方面。

一是有利于推动林业产业结构转型升级。随着全球气候变化问题日益严峻,生态环境持续恶化,传统林业经济模式已经无法适应当今社会的需求。通过研究林业生态文明建设和绿色发展,可以探讨如何加强生态保护,促进资源的可持续利用,推动林业产业向低碳、循环、绿色的方向转变,实现绿色发展路径,提升林业产业的整体竞争力和可持续发展能力。

二是有助于提升生态环境质量。林业作为重要的生态系统,对维护生态平衡、保护生物多样性、改善环境质量起着至关重要的作用。通过加大生态保护力度,恢复和重建生态系统,采取绿色管理和可持续发展措施,可以改善生态环境质量,提升空气清洁度、水质纯净度,有助于促进当地生态文明的建设,为居民提供更加优美的生态环境。

三是有助于推动区域经济发展。林业产业在经济中具有越来越重要的地位,其发展水平直接关系到当地经济的稳定与可持续发展。通过推进林业生态文明建设与绿色高质量发展,可以促进林业产业结构的升级和优化,提高林产品的附加值,推动相关产业融合发展,形成产业链和价值链的优势互补,推动经济实现绿色可持续增长。

四是有助于生态文明理念的形成、传播和实践。随着社会生态环境保护意识的提升,生态文明已成为当今社会发展的重要理念之一。通过深入研究林业生态文明建设与绿色高质量发展,可以传播生态文明理念,引导社会各界关注生态环境、珍惜生态资源,促进全社会形成绿色发展的理念和行为习惯,为构建生态良好、社会和谐的环境作出积极贡献。

因此,林业生态文明建设与绿色高质量发展的研究具有重要的现实意义。通过深入研究和实践,可以推动林业产业融入绿色发展的轨道,实现经济社会的可持续发展,为构建美丽中国、美丽长江、美丽湖北贡献力量。

1.2 研究内容与方法

1.2.1 研究内容

本报告按照"研究依据—研究内容—研究结论"的总体思路展开(图1),将从多个角度深入探讨林业生态文明建设与绿色高质量发展。

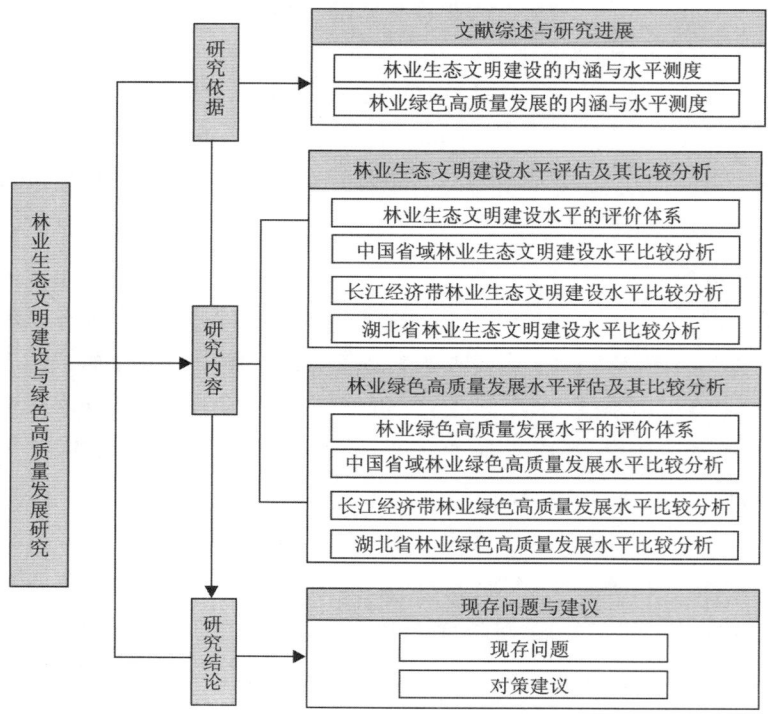

图1 研究技术路线图

一是林业生态文明建设的内涵与水平测度。报告探讨了林业生态文明建设的内涵与定位,从生态经济、生态安全、生态文化、生态治理4个维度构建林业生态文明建设水平评价指标体系。通过定量分析和定性评价相结合的方法,对中国31个省(区、市)、长江经济带及湖北省林业生态文明建设水平进行测度和差异分析,深入研究全国、长江经济带和湖北省林业生态文明建设的水平及存在的问题,以期为进一步提升林业生态文明建设水平提供建议。

二是林业绿色高质量发展的内涵与水平测度。深入研究林业绿色高质量发展的内涵与意义,从经济、创新、协调、绿色、开放、共享6个维度构建林业绿色高质量发展水平评价指标体系。通过定量分析和定性评价相结合的方法,对中国31个省(区、市)、长江经济带及湖北省林业绿色高质量水平进行测度和差异分析,深入研究全国、长江经济带和湖北省林业绿色高质量发展的水平及存在的问题,探索推动绿色经济转型的路径和策略,为促进林业产业可持续发展提供支持。

三是通过对以上研究内容的深度挖掘和系统分析,为中国省域、长江经济带和湖北省林业生态文明建设和绿色高质量发展提供理论支持和政策建议。

1.2.2 研究方法

实地调研法:通过实地调研深入了解各地林业生态环境现状、资源利用情况,以及生态文明建设与高质量发展所面临的挑战和机遇。

横向比较分析法:选择林业生态文明建设与发展情况较为类似的地区,通过构建指标体系,测算各地林业生态文明建设水平与绿色高质量发展水平,并进行横向比较研究,发现其共性和差异性,为林业生态文明建设与绿色高质量发展提供借鉴和参考。

统计分析法:通过收集全国、长江经济带和湖北省的林业资源、生态环境等相关数据,运用统计学方法对其进行分析,揭示林业发展的现状和问题,并为林业生态文明建设与绿色高质量发展提供数据支撑。

案例研究法:选取我国不同地区的典型案例,深入调查分析当地林业生态文明建设与绿色高质量发展的经验和做法,总结可借鉴的经验和教训。结合研究成果,可以选择一定的示范区或试点区,实施林业生态文明建设与绿色高质量发展的具体措施,并进行跟踪监测和效果评估,以此为依据不断完善研究成果。

专家访谈法:邀请生态学、林业学、环境保护等领域的专家学者,就林业生态文明建设与绿色高质量发展的关键问题展开深入讨论,获得专业意见和建议。

2 文献综述与研究进展

2.1 林业生态文明建设的内涵与水平测度

2.1.1 林业生态文明建设内涵的相关研究

国外学术界普遍认为,林业可持续发展是林业生态文明建设的核心要义,旨在确保持续供应林产品和服务的同时,不导致森林生态系统价值减损和生产力下降,也不给生态环境和经济社会发展带来不良影响。早在16世纪,德国就不断尝试推广新型森林经营理念,探索多种林业可持续发展方案,其林政管理水平因此得到了显著提升。英国和澳大利亚则基于各自国情特点设置了专门负责林业生态环境工作的组织机构:英国由林业委员会负责森林抚育管护工作,澳大利亚则由农业、林业和渔业部门协同完成相关任务。由于英澳两国林业部门资金充足且责任意识很强,因此其森林资源得到了较好的保护。芬兰在制定环保法律法规方面走在前列,其第一部森林法诞生于1886年,旨在保护森林资源,约束人们不合理开采森林资源的行为。美国高度注重林业生态资源管理的有效性,倡导尊重并顺应自然,其环保法律法规体系也日益完善。当前,林业经济效益和生态效益的平衡是林业生态文明建设领域的研究热点。

Bita等(2011)强调,"可持续发展"这一概念的提出,源于人们认识到资源并非取之不竭。鉴于森林在全球经济中的重要地位,尤其是在环境日益脆弱、生态退化加剧的背景下,可持续森林管理已成为推动整个社会可持续发展的主要途径。Hou(2022)指出,林业在社会、经济、生态等方面发挥着重要作用,改善生态环境的根本途径在于发展林业。可持续发展目标的实现,离不开林业生态安全的保障和林业产业的协调发展。Wu等(2024)通过构建林业生态安全评价指标体系,对中国31个省(区、市)的林业产业与森林生态之间的共生关系进行了深入分析,认为林业生态安全等级评价有助于全面提高森林生态系统的稳定性,在实现产业高质量发展和生态文明建设目标的过程中起着至关重要的作用。

国内学者的研究集中于林业生态文明建设的重要性、实现途径及保障措施上。在重要性方面,谭世明(2002)、陈建成等(2008)、李军辉(2020)均认为林业生态文明建设是一种先进的现代林业模式,对推动林业可持续发展、平衡生态保护与经济社会进步、维护国家生态安全、建设美丽中国具有重要意义。在实现途径及保障措施方面,谭世明(2002)提出三大工程——森林环境保护工程、森林生态环境服务工程和林业产业工程的"圈层"理论,在实践中体现为建设自然保护区、森林公园,以及实施退耕还林还草等多种途径。吉鹏飞等(2012)指出,目前林业生态文明建设资金存在"重投入、轻产出、重分配、轻管理"的突出问题,应当建立林业生态文明建设项目支出绩效评价体系,规范项目支出范围,严格落实预算编制、预算执行、预算监督三分离,完善评价机构与评价指标体系,提高资金使用效益和资金监管能力,同时要提供专业队伍与法律法规保障。刘晓光等(2013)从主体功能区入手进行研究,发现林业生态文明建设与财政政策支持之间存在正相关关系。目前林业生态文明建设存在成本和难度大大提高的问题,应通过财政补贴、转移支付、横向援助等手段进一步提高财政政策对林业生态文明建设的保障力度,增加资金投入,落实领导责任,提高森林生态效益补偿标准等。李朝洪等(2018)指出,中国林业生态文明建设经历了边建设边破坏、开始启动、逐步开展、全面推进、不断深化5个阶段,目前在生态环境修复、生态资源保护、生态文明建设等方面都取得了可喜的成就。他们认为,林业的基础性、保障性决定了林业生态文明建设不是一蹴而就的,国家要完善政府与社会资本合作项目库,推进生态环境立法及林业科学技术研究,转变林业发展模式。李淑丽等(2021)认为,林业生态文明建设与林业产业发展是相辅相成、互相促进的关系:林业产业的发展是林业经济水平的体现,它为林业生态文明建设提供了物质基础保障,决定了林业生态文明建设的质量和水平;林业生态文明建设又能够带动相关产业和林业经济发展。林业可持续发展要求协调林业产业发展与生态文明建设的关系,实现二者的动态平衡。

2.1.2 林业生态文明建设水平测度的相关研究

在林业效率测算方面,国外学者使用的方法主要有C-D生产函数法、随机前沿分析(Stochastic Frontier Analysis,SFA)法、数据包络分析(Data Envelopment Analysis,DEA)法等。其中,DEA法于1978年首创,极具代表性,在生产效率研究领域应用十分广泛。Farrell(1957)是应用随机前沿分析的先驱,他定义了多投入指标下的生产效率测算方法。LeBel等(1998)运用DEA法测算了伐木工人的效率水平及投入产出冗余度,并提出了提高效率的措施。Viitala等(1998)以芬兰为研究区域,运用DEA法测算了19片非商品林的投入产出效率,得出不同非商品林投入产出效率差别较大的结论,指出投入资本并没有得到充分利用。Clinch(2000)运用估价法和 C－D 生产函数法为爱尔兰政府评估了林业计划方案的社会效率。Lee（2005）以全球 97 家木材纸业公司的相关数据为样本,分别运用 DEA 法和 SFA 法对这些公司的相对生产效率进行了比较分析,得到其效率值大小不同但样本公司的生产效率排名相同的结果,指出学者应根据研究的具体内容选择更适合的模型,并对投入指标进行了冗余分析。Salehirad 等（2006）使用非参数方法测算了加拿大木材产业的生产效率,指出在木材价格上涨的情况下,提高效率是增强木材产业竞争优势的关键。Perovich 等（2019）基于农业生产者的平均绩效指标测算了乌克兰农业用地的生态效率和经济效率,指出这是衡量特定地区农业生产者是否充分利用土地,以及生产活动是否有效的重要标准。

在林业效率影响因素方面,国外学者运用定性分析或模型研究的方法,在测算效率的基础上,从自然条件、投入产出规模、政策制度、经济环境、管理水平等角度进一步研究主要影响因素。Hausenbuiller（1985）认为,光热、水源、土壤等自然条件是决定林业生产效率高低的关键。LeBel 等（1998）指出,运营结构和规模对伐木工人的生产效率具有较大影响。Šporčić 等（2009）测算了克罗地亚林业系统的生产效率,认为管理集约化水平和森林权属差异是影响效率的主要因素。

国内学者测算林业效率的方法包括 SFA 法、DEA 法、索洛余值法、C－D 生产函数法等,并以客观性较强的 DEA 法为主。按照效率研究对象的不同,林业生产效率研究可以分为以全国或各省（区、市）为代表的宏观层面、以某个省份或国有林区为代表的中观层面及以森工企业或林农为代表的微观层面。研究的思路和内容一般为在确定具体指标的基础上,测算投入产出效率,剖析未达到 DEA 有效状态的原因,并寻找效率提升途径。

宏观层面：田淑英等（2012）以林业的固定资产投资、从业人数为投入指标,以造林面积、产值、林农人均收入为产出指标,分析了全国 1993—2010 年林业投入产出效率,指出投资利用无效、劳动力不足和林业经济发展缓慢是拉低效率的主要原因,提出要增加林业科技人员,完善林业公共政策体系。丁胜等（2019）以林业投资为投入指标,以三次产业中的涉林产业和非林产业产值为产出指标,对 2016 年我国 31 个省（区、市）的林业产业规模经济效率进行了测算。结果表明,仅有 5 个省（市）的规模经济效率达到了 DEA 有效状态,其他地区 DEA 无效的原因在于规模不经济、资源浪费等。针对此情况,作者提出应当扶持林业高科技企业发展,提高资金使用的有效性,并跨省整合林业产业资源等。

中观层面：赖作卿等（2008）以林业的从业人数、用地面积、政府预算、中间消耗值为投入指标,以林业产业总产值、增加值和改造面积为产出指标,对广东省林业投入产出的总效率和规模效率进行了测算。结果表明,增加林业投入是提高多数城市林业投入产出效率的途径。刘先(2014)以林业的固定资产投资额、从业人员、用地面积为投入指标,以林业产业总产值和造林面积为产出指标,分析了江苏省2003—2012年的林业生产效率,并将其与同时期其他省(市)生产效率进行比较。研究发现,江苏省林业生产效率在全国范围内有绝对领先优势,但林业技术尚有较大进步空间。张颖等(2016)以林业的固定资产投资额、从业人员、产业结构比例为投入指标,以林业产业总产值、造林面积、林木绿化率为产出指标,测算了北京市1993—2013年的林业投入产出效率,认为稳定投资、调整产业结构、提高管理水平是未来发展重点。卞纪兰等(2019)以林业投资为投入指标,以三次产业产值为产出指标,测算了黑龙江省2004—2017年的林业投入产出效率,得出其综合效率不高,且在多数年份未达到DEA有效状态的结论。他们指出,这一问题的根本原因在于黑龙江省林业产业投资结构不合理,并强调未来要进一步提升林业投资的贡献。金哲丽等(2020)以林业的固定资产投资额、从业人员、产业结构比例为投入指标,以林业产业总产值、造林面积、人均林业收入为产出指标,测算了湖南省2003—2018年林业投资的综合效率和规模效率,指出要稳定林业投资规模,拓宽融资渠道,不断优化林业产业结构。

微观层面:吕洁华等(2019)选取林业投资完成额和职工人数作为投入指标,林业产业总产值作为产出指标,以黑龙江国有林区的40家森工企业为研究对象,发现2011—2017年大部分森工企业处于林业投入产出低效率的状态。他们指出,合理配置林业资源、优化要素投入结构,是提升效率的根本途径。杨露露等(2021)以林下经济投资总成本、劳动力人数、经营林地面积为投入指标,以林农林下经营收入为产出指标,经测算得出江西省林农林下经济经营效率偏低的结论,提出要推动科技创新、鼓励联户经营。

2.2 林业绿色高质量发展的内涵与水平测度

2.2.1 林业绿色高质量发展内涵的相关研究

国内关于绿色高质量发展的研究成果较为丰富,但林业绿色高质量发展是新时期中国经济绿色高质量发展所衍生出的一个概念,相关研究相对欠缺。已有研究认为,高质量发展并非仅仅追求经济总量的增长和经济增速的提升,而是更加注重经济、社会、环境等的均衡发展,旨在实现更高质量、更有效率、更加公平、更可持续的发展(何立峰,2018)。基于经济高质量发展,一些学者对林业绿色高质量发展的内涵进行了探索和定义。徐凯飞(2021)认为,林业高质量发展是指将可持续发展作为基本理念,依靠科技进步、人才培养等,科学合理地配置林业生产要素,提高森林资源使用效率和林业生产效率,优化林业产业结构,从而促进林业产值的可持续增长。杨旭等(2020)结合林业发展的特点,将林业高质量发展定义为:在维持林业生态系统基本稳定的前提下,以经济活力不断释放和创新能力持续培养为发展动力,目的是实现林业经济绿色增长和林业从业者生活水平不断提高的发展状态。曹晓凯(2021a)则认为,林业高质量发展应该是建立在林业本身生态发展平衡的基础上,以绿色增长为主要目标,通过完善林业产业化体系和提升从业人员的业务水平,创造良好的发展环境,实现林业产业的协调发展,并提高整体发展水平,推动经济可持续发展的林业发展模式。从微观来讲,林业高质量发展的出发点和落脚点,是要改善林业从业者的生活环境,提高其生活水平;从宏观来讲,林业高质量发展既可以促进经济高质量发展,又能够保障我国的生态环境建设,真正实现绿色发展(曹晓凯,2021b)。森林资源是生态资源的重要组成部分,森林生态系统提供的森林生态产品在满足人们对美好生活的需求中扮演着越来越重要的角色。"生态产品"是在中国国情下才出现的词语,在国外,与之相关的概念是"生态系统服务"(于丽瑶等,2019)。生态系统服务最早由 Costanza 等于 1997 年提出。他们指出,生态服务功能是人类从生态系统直接或间接得到的生命支持产品和服务。Daily(1997)则认为,生态系统服务是人类合理利用自然资源以满足日常生产生活需求的过程。因此,"生态系统服务"这一术语在国外学术研究中较为常用,而在我国官方公布的文件中,则更多地使用"生态产品"这一表述,它更能反映我国国情,清晰地体现出供给和消费的关系。随着人们环境意识的不断加强,我国在 20 世纪 80 年代中期引入了"生态产品"的概念,并首次对其内涵进行了界定,即"生态产品是经过生态工艺加工的高档产品"(任耀武等,1992)。可以判断,那些具备资源节约和环境友好特性的工农业产品已经被归类为生态产品。在《全国主体功能区规划》中,生态产品被定义为"维系生态安全、保障生态调节功能、提供良好人居环境的自然要素,包括清新的空气、清洁的水源和宜人的气候等"。丁宪浩(2010)进一步阐释了生态产品的概念,他认为"生态产品具有明显的外部性特性,并不是传统意义上的商品"。广义上,生态产品是指人类通过保护或修复生态系统,使其维持原有的自然环境条件和生态服务功能,最终通过生态系统的功能提供给人类社会消费或使用的终端产品(蒋凡等,2022)。

高建中(2007)从生态产品的角度提炼出森林生态产品的概念,把森林生态产品定义为"依托森林资源,在自然生态过程与人类管理活动共同作用下,向自然界提供的且能满足人类需要的各类产品和服务的总称"。森林通过维持水、土壤、空气、生物等生态要素之间的平衡,为人类提供清新的空气、纯净的水源等。森林生态产品是一种无形的产品,主要通过森林生态系统的经营和管理向全社会进行供给,用于满足社会对特定生态系统服务功能的需求,其主要供给载体是生态公益林。根据现有研究成果可知,森林生态产品体系是在一定时期内,利用自然资源为人类提供高品质生活和生产要素的生态系统(于丽瑶等,2019)。它主要有3个特征:一是可交易性,具备人类经济活动的交易属性(张林波等,2019);二是消费性,具备人类经济活动的消费属性并含有一定附加值;三是关联性,是自然资源与人类活动相关联而产生的服务和产品(于丽瑶等,2019)。根据人类劳动在森林生态产品中的参与程度,森林生态产品可分为公共性生态产品和经营性生态产品两类。其中,公共性森林生态产品是指森林生态系统为人类提供的清新空气、纯净水源等产品,以及保护生物多样性、防风固沙、调节气候等服务;经营性森林生态产品则主要包括在一定时期内具有明确权属的木材产品和采集林产品,没有明确权属的采集林产品,以及与森林有关的旅游、康养和文化产品(于丽瑶等,2019)。

2.2.2 林业绿色高质量发展水平测度的相关研究

聚焦于林业绿色高质量发展的文献成果较少,对其进行评价的指标体系构建则更加缺乏,因此尚未形成权威的林业绿色高质量发展评价指标体系。学者们大多从经济效益、生态效益、社会效益3个方面进行林业可持续发展评价指标体系的构建。黄源等(2015)从可持续发展的角度出发,在经济效益、生态效益、社会效益3个准则层的基础上,构建了7个一级指标和20个二级指标,基于可拓学方法对云南省林业发展水平进行了评价。高晶等(2014)从资源投入产出的角度出发,按照经济效益、生态效益、社会效益进行划分,以造林面积、农林经济支出、林业从业人员数量为投入指标,以林业产业总产值和林业从业人员年均收入为产出指标,基于DEA法对云南省的林业发展能力进行了评价。陈小雨等(2022)基于经济、绿色、协调、创新、开放5个维度建立了指标体系,且使用熵值法对2012—2017年中国31个省(区、市)的林业高质量发展水平进行了综合评价。刘友多(2020)从生态、质量、文化、保障4个维度出发,探讨形成具有24个指标的福建省林业高质量发展评价指标体系。杨旭等(2020)构建了包含林业创新能力、林业从业者生活、林业生态、林业经济活力、林业经济绿色增长5个准则层,下设20个指标的评价指标体系,并运用层次分析法对贵州省2008—2016年间的林业高质量发展水平进行了测度与分析。温赛赛等(2022)基于新发展理念，从创新驱动、协调发展、绿色资源、开放稳定、共享和谐5个层面出发，构建了27个基础指标，对2008—2018年的中国林业高质量发展水平进行了测度。也有学者基于绿色全要素生产率进行测度分析，如沈伟航(2021)采用DEA模型中的Malmquist - Luenberger生产率指数法来测算中国林产工业的全要素生产率，并对林产工业的高质量发展提出了对策建议。基于对林业绿色高质量发展的测度，也有学者对其影响因素进行了识别。张琦等(2021)基于系统动力学理论，构建了林业产业高质量发展系统动力机制模型，从内生机制、外发机制和内外联动机制探讨了林业产业高质量发展的路径，发现林业资源高质量、林业产业生态友好发展、经济发展与生态保护协调发展是影响林业产业高质量发展的重要因素。杨旭等(2020)在测度并分析贵州省2008—2016年间林业高质量发展水平的基础上，认为从促进林业产业结构优化、培养林业产业创新能力及提高林业产业内部协调度等方面入手，能够积极影响林业高质量发展。朱洪革等(2022)对黑龙江省林业高质量发展现状进行了分析，认为森林资源、财政投入、科技资源、人才队伍建设都会对林业高质量发展产生影响。

随着生态价值研究的不断深入，对生态系统服务功能的价值评估也逐步展开，形成了三大类评估方法——物质量法、能值法和基于市场理论的价值评估法。物质量法最早可以追溯到1942年Lindeman在营养动力学领域的研究。他从物质角度出发，为生态系统服务功能价值评估提供了定量方法与思路。20世纪50年代，Odum认为太阳能是地球物质能量产生的起源，于是利用能值分析理论对生态系统中的物质能量进行了分析评估，为生态系统服务功能价值提供了另一种定量研究的方法。到了90年代，Costanza在梳理前人研究成果的基础上，对生态价值进行了分类，并从货币角度对全球生态价值进行了测算，结果表明全球生态系统服务的年度价值高达33万亿美元。

基于市场理论的价值评估法是一种传统的生态经济学方法，它以统计学和市场价值理论为依据，对生态系统服务价值进行评估。目前较为常用的基于市场理论的生态系统服务价值评估法主要分为3类：直接市场法、替代市场法和虚拟市场法(李丽等,2018)。直接市场法适用于那些已有现成交易市场的价值类型，通过直接采用相关生态产品和服务在市场上的价格来评估其价值；替代市场法针对那些没有直接交易市场的价值类型和生态服务，通过将其生态效益转化为相关的工程价值，再评估这些工程的耗费，从而间接得出其生态价值；虚拟市场法则适用于既没有交易市场也没有交易价格的生态服务。该方法通过假设一个虚拟市场,采用问卷调查等形式询问人们对于特定森林生态服务价值的支付意愿,从而估算其生态价值。

由于长期缺乏有效的生态系统价值度量手段,人们难以通过量化方式认识其价值,因此生态系统服务价值往往被忽视,进而使得人们难以采取有效措施对其进行保护。对生态系统服务的估价和衡量,是减少乃至避免那些损害生态系统服务的短期经济行为的重要途径。正如孙刚等(2000)所指出的,在目前的研究基础之上,我们应当构建将生态系统与经济系统相结合的地区模型和全球模型,以便更好地理解其中涉及的物理、化学和生物过程的复杂动态,以及这些过程对人类福祉的价值,从而推动可持续发展。

3 林业生态文明建设水平评估及其比较分析

林业生态文明建设是林草领域行政管理范畴内的生态文明建设,通常涵盖"四个系统和一个多样性",即森林生态系统、草原生态系统、湿地生态系统、荒漠生态系统和生物多样性(林震等,2023)。它是人类为改善林业生态环境而采取的一系列文明活动,体现了人们对自然森林、湿地、荒漠生态系统及其内含生物资源的基本态度、理念和认知。这些活动旨在通过保护、开发和合理利用这些资源,实现生态环境的可持续发展(陈绍志等,2014)。从生态与文明的双重视角出发,生态文明建设要求保护生态环境、推进系统建设,将生态与人类社会紧密结合,动员全体社会成员共同致力于生态文明建设,促使人类社会与生态环境形成一个有机整体,从而实现生态目标和人类社会的可持续发展目标(高利建等,2023)。这既是对环境空间的建设,也是对精神文明的建设,以保护和改造为基础,通过可持续利用林业资源,维持人与自然的和谐共生,推动人类文明活动的长久发展(宗国,2021)。林业生态文明建设与绿色发展意义重大,是生态文明建设的重要组成部分,支撑着整个生态系统的健康运行。林草兴则生态兴,生态兴则文明兴。因此,本报告旨在构建林业生态文明建设发展评价体系,科学评价中国省域、长江经济带和湖北省的林业生态文明建设水平,分析地区发展差距,找出存在的问题,并提出相应的对策建议,以期提高林业生态文明建设水平。

3.1 林业生态文明建设水平评价指标体系构建及模型选择

林业生态文明建设水平评价主要通过多指标评价法来进行。各指标具有较为明确的含义，能够有效揭示林业生态文明建设中存在的问题与关键制约因素。基于这些指标的评估结果及分析，可以为林业生态文明建设相关战略提出针对性政策建议。因此，本报告参考现有研究构建的各种指标体系，构建了新时代林业生态文明建设水平评价指标体系，用于比较中国各省域和长江经济带的林业生态文明建设水平，重点关注了湖北省林业生态文明建设水平在全国、长江经济带的具体情况，以及湖北省内各地级市的林业生态文明建设水平。

3.1.1 现有林业生态文明建设水平评价指标体系

林业生态文明建设水平指标体系在衡量区域林业生态文明发展程度方面具有重要作用。这一指标体系不仅是研究学者关注的重点，也是政府相关规划中的核心内容。目前，国内针对林业生态文明建设水平评价所构建的指标体系如表1所示。从现有的实践和研究成果来看，主要存在以下几个方面的问题：首先，科学的指标体系必须考虑数据的可获得性，部分指标数据获取或计算难度较大；其次，指标的内涵和导向要清晰，以防止各指标间意义重叠；最后，在指标选取时，常出现要么过于宽泛冗杂，要么忽视某些关键领域的情况。

表 1 现有林业生态文明建设水平相关评价指标体系

研究者及年份	文献名称	指标构成
孟祥江等（2016）	重庆三峡库区林业生态文明建设评价指标体系研究	生态资源、生态经济、生态服务、生态文化、生态健康
刘琳等（2023）	基于AHP-模糊综合评价法的东北地区林业生态建设研究	自然治理、政策管理、社会文化、经济发展
韩学飞等（2023）	区域性林业生态建设评估体系构建与应用	生态治理、政策管理、林业经济、社会文化
杨沅志等（2015）	省级林业生态文明建设评价指标体系研究——以广东省为例	生态安全、生态经济、生态文化、生态治理

续表 1

研究者及年份	文献名称	指标构成
和月月等（2017）	云南省林业生态文明建设评价指标体系研究	生态经济、生态环境、生态文化、生态制度
邓冬梅等（2018）	林业生态文明评价指标体系构建与应用	生态健康、生态经济、生态文化、生态支撑

3.1.2 林业生态文明建设水平测度指标体系构建

为有效构建林业生态文明建设水平评价指标体系，我们首先以"林业生态文明建设"为主题词，在"中国知网"数据库中进行了检索，经过整理与筛选，最终获得了相关核心文献。不少学者充分借鉴了生态经济的研究方法，利用林业生态经济、生态安全、生态文化、生态治理、生态制度、生态环境等相关指标来反映区域生态文明建设水平。本报告在综合考虑不同维度的基础上，遵循科学性、系统性、综合性与可操作性的原则，结合学者已有研究结果，构建了一个包含林业生态经济、林业生态安全、林业生态文化、林业生态治理 4 个准则层的林业生态文明建设水平评价指标体系（表 2）。

表 2 本报告林业生态文明建设水平评价指标体系

准则层（权重）	总指标层	单位	属性	一级权重	二级权重
林业生态经济（0.2617）	林业产业总产值占当地生产总值比重	%	正向	0.3427	0.0897
	人均林业产业总产值	万元/人	正向	0.2953	0.0773
	林业第三产业产值占当地生产总值比重	%	正向	0.2524	0.0661
	森林单位面积蓄积量	m³/hm²	正向	0.1097	0.0287
林业生态安全（0.4389）	森林覆盖率	%	正向	0.2731	0.1199
	人均林地面积	hm²/万人	正向	0.2134	0.0937
	人均湿地面积	hm²/万人	正向	0.2134	0.0937
	人均森林蓄积量	m³/人	正向	0.2134	0.0937
	自然保护区面积占国土面积比例	%	正向	0.0868	0.0381

续表 2

准则层（权重）	总指标层	单位	属性	一级权重	二级权重
林业生态文化 (0.176 8)	城区绿化覆盖率	%	正向	0.583 3	0.103 1
	城区人均公园绿地面积	m²/人	正向	0.416 7	0.073 7
林业生态治理 (0.122 6)	森林火灾受害面积占森林面积的比例	%	负向	0.588 2	0.072 1
	人均管理林地面积	m²/人	负向	0.117 6	0.014 4
	苗木生产供应能力	株/hm²	正向	0.294 1	0.036 1

林业生态经济：包括林业产业总产值占当地生产总值比重、人均林业产业总产值、林业第三产业产值占当地生产总值比重和森林单位面积蓄积量 4 个指标。林业产业总产值占当地生产总值比重和林业第三产业产值占当地生产总值比重越大，代表当地经济结构中林业产业越重要，有着较好的发展环境和市场需求，能为生态文明建设提供经济活力；人均林业产业总产值反映了当地居民在林业产业中的收入情况。森林单位面积蓄积量则反映了当地森林资源的丰富程度和保护状况。其中，林业产业总产值占当地生产总值比重＝（林业产业总产值/当地生产总值）×100%；人均林业产业总产值＝林业产业总产值/常住人口数量；林业第三产业产值占当地生产总值比重＝（林业第三产业产值/当地生产总值）×100%；森林单位面积蓄积量＝森林蓄积量/森林面积。

林业生态安全：包括森林覆盖率、人均林地面积、人均湿地面积、人均森林蓄积量、自然保护区面积占国土面积比例 5 个指标。森林覆盖率反映了一个地区森林面积占当地面积的比例；人均林地面积、人均湿地面积、人均森林蓄积量衡量了每个人所拥有的林地面积、湿地面积和森林蓄积量；自然保护区面积占国土面积比例可以反映某地区对生态环境的保护和建设情况。林地、湿地及森林的面积、质量和功能等方面可以反映出地区的生态安全状况。其中，森林覆盖率＝[（有林地面积＋国家特别规定的灌木林面积）/土地总面积]×100%；人均林地面积＝林地面积/常住人口数量；人均湿地面积＝湿地面积/常住人口数量；人均森林蓄积量＝森林蓄积量/常住人口数量；自然保护区面积占国土面积比例＝自然保护区面积/国土面积×100%。

林业生态文化：包括城区绿化覆盖率、城区人均公园绿地面积 2 个指标。它们反映了城市绿化水平和绿地资源供给情况。较高的绿化覆盖率和人均公园绿地面积不仅有利于改善环境,促进城市生态文化发展,还有助于培育人与自然和谐共处的生态伦理观念,传播生态知识,提高当地居民的生态文明素养,进而体现生态文明建设的成效。其中,城区绿化覆盖率=(建成区绿化覆盖面积/建成区面积)×100%;城区人均公园绿化面积=建成区公园绿地面积/常住人口数量。

林业生态治理:包括森林火灾受害面积占森林面积的比例、人均管理林地面积和苗木生产供应能力3个指标。森林火灾受害面积占森林面积的比例可用于衡量森林火灾的控制和防范措施是否有效;人均管理林地面积和苗木生产供应能力体现了林业人才队伍建设能力和苗木的供应水平。可通过森林火灾防控、人才队伍建设、苗木生产方面的情况来考察林业生态治理效能。其中,森林火灾受害面积占森林面积的比例=(森林火灾受害面积/森林面积)×100%;人均管理林地面积=林地面积/林业系统单位从业人员数量;苗木生产供应能力=苗木生产株数/林地面积。

3.1.3 数据来源

森林覆盖率、林地面积、湿地面积、自然保护区面积、森林面积、森林火灾受害面积等数据来自 EPS 数据库;林业产业总产值、林业第三产业产值、森林蓄积量、林业系统单位从业人员数量、苗木生产株数等数据来自《中国林业年鉴》《中国林业和草原统计年鉴》及各省林业局官网;地区生产总值、城区绿化覆盖率、城区人均公园绿地面积、常住人口数量等数据来自《中国城市建设统计年鉴》。

3.1.4 指标无量纲化处理

由于林业生态文明建设水平评价指标体系涉及大量相互关系、相互影响、相互制约的评价指标,且各指标单位不同,因此,在比较过程中,必须对各指标统一进行无量纲化处理。常用的无量纲化处理方法包括标准化法、均值化法、指数法和极差正规化法等,本研究采用极差正规化法对指标进行无量纲化处理。

具有正向属性的指标采用式(1)进行计算,具有负向属性的指标采用式(2)进行计算。

$$Y_{ij} = \frac{X_{ij} - \min X_j}{\max X_j - \min X_j} \tag{1}$$

$$Y_{ij} = \frac{\max X_j - X_{ij}}{\max X_j - \min X_j} \tag{2}$$

式中,Y_{ij} 为第 i 地区第 j 个指标的标准值;X_{ij} 为第 i 地区第 j 个指标的原始数据;max X_j 为各地区第 j 个指标的最大值;min X_j 为各地区第 j 个指标的最小值。

3.1.5 模型选择与指标权重确定

指标权重是指在指标评价过程中对各指标相对重要程度的一种综合度量,确定指标权重系数是综合评价中的核心问题。目前,指标权重的确定方法一般包括主观赋权法和客观赋权法。主观赋权法是指根据决策者(专家)主观上对各属性的重视程度来确定属性权重的方法,包括德尔菲法、层次分析法等。客观赋权法是根据各属性的关联程度或各属性所提供的信息量大小来决定属性权重,包括变异系数法、熵值法、CRITIC 法、回归分析法、结构方程模型法等。

本研究采用层次分析法对中国各省域林业生态文明建设水平进行评价和分析。层次分析法是将目标分解为多个准则,在此基础上进行定性和定量分析,并为多方案优化决策提供依据的分析方法。

1. 建立系统的递阶层次结构

层次结构模型如图 2 所示。

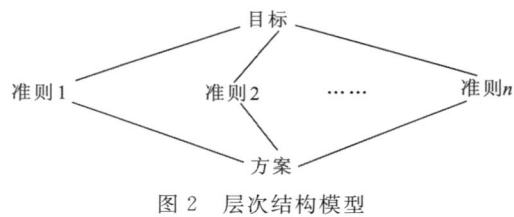

图 2 层次结构模型

2. 构建判断矩阵

通过矩阵中每层每项元素间的两两相互比较来判断优劣,以数字 1~9 及其倒数作为标度(表 3),构建判断矩阵 $\mathbf{A} = (a_{ij})_{n \times n}$。专家会根据各级指标的重要程度进行打分,然后分别赋予这些分数相应的权重。接着,对权重系数结果进行统计处理,最终可得出各项指标的权重。

表 3 判断矩阵标度的含义

标度	含义
1	表示两个因素相比,具有相同的重要性
3	表示两个因素相比,前者比后者稍重要
5	表示两个因素相比,前者比后者明显重要
7	表示两个因素相比,前者比后者强烈重要

续表3

标度	含义
9	表示两个因素相比，前者比后者极端重要
2,4,6,8	表示上述相邻判断的中间值
倒数	若因素 i 与因素 j 的重要性之比为 α_{ij}，那么因素 j 与因素 i 的重要性之比为 $\alpha_{ji} = \dfrac{1}{\alpha_{ij}}$

3. 层次单排序及其一致性检验

(1) 计算一致性指标 CI，见式(3)。

$$CI = \frac{\lambda_{\max} - n}{n - 1} \tag{3}$$

式中，$\lambda_{\max}$ 为判断矩阵的最大特征值。

(2) 查找对应的平均随机一致性指标 RI(表4)。

表4　RI 指标

n	1	2	3	4	5	6	7	8	9
RI	0.00	0.00	0.58	0.89	1.12	1.24	1.32	1.41	1.45

(3) 计算一致性比例 CR，见式(4)。

$$CR = \frac{CI}{RI} \tag{4}$$

若 CR<0.1，则可以认为判断矩阵的一致性可以接受；否则，需要对判断矩阵进行修正。

4. 确定权重

设 η 为 **A** 的特征根，**W**=($W_1, W_2, \cdots, W_n$)，**T** 为特征向量，则判断矩阵为：

$$\mathbf{A} = \begin{pmatrix} \dfrac{W_1}{W_1} & \dfrac{W_1}{W_2} & \cdots & \dfrac{W_1}{W_n} \\ \dfrac{W_2}{W_1} & \dfrac{W_2}{W_2} & \cdots & \dfrac{W_2}{W_n} \\ \cdots & \cdots & & \cdots \\ \dfrac{W_n}{W_1} & \dfrac{W_n}{W_2} & \cdots & \dfrac{W_n}{W_n} \end{pmatrix} \tag{5}$$

(1)归一化处理：

$$\overline{\alpha_{ij}} = \frac{\alpha_{ij}}{\sum_{k=1}^{n} \alpha_{kj}} \quad i,j = (1,2,\cdots,n) \quad (6)$$

式(6)中，α_{ij} 为判断矩阵的元素，$\sum_{k=1}^{n} \alpha_{kj}$ 为各列的和，$\overline{\alpha_{ij}}$ 为归一化后的新矩阵元素。

(2)归一化处理后，矩阵按行相加：

$$\mathbf{M}_i = \sum_{j=1}^{n} \overline{\alpha_{ij}} \quad i = (1,2,\cdots,n) \quad (7)$$

式(7)中，$\mathbf{M}_i$ 为新矩阵各行的和，得到一个列向量。

(3)向量 $\mathbf{M}(\mathbf{M}_1,\mathbf{M}_2,\cdots,\mathbf{M}_n)$ 归一化：

$$\mathbf{W}_i = \frac{\mathbf{M}_i}{n} \quad i = (1,2,\cdots,n) \quad (8)$$

式(8)中，$\mathbf{M}_i$ 为列向量中的每个元素，$\mathbf{W} = (\mathbf{W}_1,\mathbf{W}_2,\cdots,\mathbf{W}_n)$ 即是所求特征向量。

(4)最大特征根：

$$\lambda_{\max} = \sum_{i=1}^{n} \frac{(\mathbf{AW})_i}{n \mathbf{W}_i} \quad (9)$$

式(9)中，**AW** 表示矩阵 **A** 与 **W** 相乘，$(\mathbf{AW})_i$ 为向量 **AW** 的第 i 个元素，$\mathbf{W}_i$ 为 **W** 向量的第 i 个元素，$\lambda_{\max}$ 为最大特征根。

5. 层次加权

根据计算得出各方案对总目标的权重分别为 $\mathbf{W}_1,\mathbf{W}_2,\cdots,\mathbf{W}_n$。按照上面叙述的方法，本文构建框架如下：最高层(目标层)——林业生态文明建设评价指标体系；中间层(准则层)——林业生态经济、林业生态安全、林业生态文化、林业生态治理；最底层(方案层)——见表2中的14个指标层。在确定好指标体系后，需要请专家打分才能构建判断矩阵，从而确定各指标层的权重。研究团队邀请了10位专家就各项评价指标的重要性进行了打分。根据专家的打分构建了判断矩阵，最终计算出各个指标的权重，见表2。

3.2 中国省域林业生态文明建设水平比较分析

3.2.1 中国省域林业生态文明建设水平评估

根据评价指标权重计算2010—2021年我国31个省(区、市)的林业生态文明建设发展指数,并以各省(区、市)均值代表林业生态文明建设综合水平,见表5。

表5 2010—2021年31个省(区、市)林业生态文明建设综合水平评价表

省(区、市)	2010	2011	2012	2013	2014	2015	2016	2017	2018	2019	2020	2021	均值	排名
北京	20.95	21.98	20.41	21.09	24.00	25.01	26.21	24.89	26.38	27.60	27.37	28.54	24.54	16
天津	8.43	10.01	10.04	11.85	10.12	11.62	12.34	13.16	10.95	11.17	11.76	11.71	11.10	31
河北	18.15	18.38	18.22	18.85	19.61	19.38	19.30	19.93	19.94	20.21	20.62	20.48	19.42	24
山西	12.98	20.10	14.26	16.28	16.12	16.76	17.15	17.40	18.61	21.28	20.68	18.30	17.49	27
内蒙古	21.87	21.75	22.97	24.53	27.66	28.30	28.42	31.25	29.71	29.52	29.13	29.85	27.08	12
辽宁	20.23	21.64	22.71	23.95	24.36	24.36	21.69	23.27	23.00	23.80	23.11	23.15	22.94	20
吉林	23.05	24.12	24.56	25.13	26.95	28.14	28.09	27.35	28.95	28.06	27.28	28.55	26.69	14
黑龙江	26.74	25.25	25.64	26.69	28.41	27.64	27.93	28.20	29.88	29.00	28.74	29.35	27.79	9
上海	10.22	9.99	10.63	11.15	11.55	11.83	11.66	11.84	11.70	11.88	11.81	11.83	11.34	30
江苏	17.64	20.53	19.12	20.80	21.09	21.33	21.98	22.81	23.24	23.38	24.78	24.51	21.77	22
浙江	24.81	27.91	28.23	29.23	29.50	29.79	30.65	30.97	32.11	32.24	32.71	32.03	30.01	6
安徽	17.39	19.54	19.89	21.85	23.67	24.24	25.34	26.19	27.16	27.71	27.88	28.64	24.13	17
福建	29.09	34.26	32.18	34.75	35.14	35.82	35.61	36.56	39.94	40.62	40.43	40.45	36.24	2
江西	31.35	32.22	32.67	33.51	34.76	34.76	35.54	37.84	38.71	39.94	40.44	41.29	36.09	3
山东	18.59	21.37	22.18	23.69	25.31	24.79	25.20	24.83	24.37	23.90	23.40	23.25	23.41	19
河南	14.23	14.95	14.46	16.13	16.59	16.35	17.24	18.11	19.38	20.28	20.97	21.05	17.48	28
湖北	17.96	19.04	19.38	21.08	21.94	23.23	24.63	25.59	26.77	27.63	28.52	30.15	23.83	18
湖南	23.59	23.40	24.90	25.52	26.74	27.02	28.27	29.17	30.38	31.13	30.93	31.46	27.71	10
广东	24.13	25.43	28.51	29.59	30.35	31.49	31.90	32.52	33.30	32.94	32.48	32.15	30.40	5
广西	24.29	26.30	27.82	31.09	33.34	34.43	35.17	37.64	41.36	42.08	43.18	34.29	4	
海南	28.14	28.18	27.45	28.98	29.22	28.88	28.51	28.76	29.21	29.49	30.71	29.75	28.94	7
重庆	21.10	23.56	24.74	25.32	24.49	24.90	25.43	26.34	28.34	28.82	29.18	29.30	25.96	15

续表 5

省(区、市)	2010	2011	2012	2013	2014	2015	2016	2017	2018	2019	2020	2021	均值	排名
四川	23.10	23.52	24.34	24.95	25.00	26.07	27.23	27.81	29.22	30.44	30.78	30.67	26.93	13
贵州	22.66	17.52	19.21	22.22	23.80	25.12	26.65	31.73	35.51	37.10	37.00	37.24	27.98	8
云南	23.19	23.51	24.71	25.50	26.67	25.86	26.68	27.50	29.65	30.11	31.09	32.23	27.22	11
西藏	38.71	40.11	41.46	38.70	48.51	48.29	41.98	41.07	44.04	44.89	47.43	48.01	43.60	1
陕西	18.77	19.32	20.53	22.02	22.75	23.36	23.14	23.51	23.34	23.57	24.53	24.70	22.46	21
甘肃	9.84	10.17	11.70	13.91	14.72	14.44	16.35	17.42	17.50	17.37	18.19	17.74	14.95	29
青海	13.42	14.10	15.10	18.44	19.11	18.69	18.90	20.84	20.84	21.52	22.30	22.92	18.85	25
宁夏	16.45	16.06	17.19	18.59	19.27	19.73	21.70	22.44	21.64	22.69	24.87	23.42	20.34	23
新疆	14.31	15.09	15.76	16.74	17.27	18.70	19.73	19.81	20.59	20.85	19.92	21.25	18.33	26

从整体来看，2010—2021 年中国 31 个省（区、市）份的林业生态文明建设综合水平呈线性上升趋势。如图 3 所示，中国 31 个省（区、市）的林业生态文明建设发展指数由 2010 年的 20.50 上升到 2021 年的 27.98，逐年平缓上升，反映出林业生态文明建设已初见成效。但是中国省域林业生态文明建设发展指数总体仍处于较低水平，也意味着在林业生态文明建设领域还有很大的发展空间和潜力。在当前环境保护和可持续发展的大背景下，还需要不断加大对生态文明建设的重视程度和投入力度。

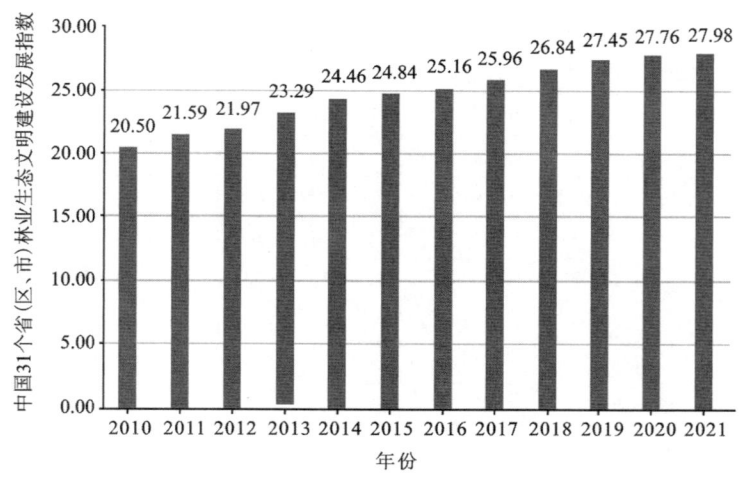

图 3　中国 31 个省（区、市）林业生态文明建设综合水平变化图（2010—2021 年）

3.2.2 中国省域林业生态文明建设水平的差异分析

从中国31个省（区、市）来看，林业生态文明建设水平位居前十的是：西藏、福建、江西、广西、广东、浙江、海南、贵州、黑龙江、湖南。其中，西藏的林业生态文明建设水平较为突出，该地拥有优越的自然条件，林地、湿地资源丰富，森林生态服务价值高，且政府大力支持生态文明建设，加强对生态环境的保护和修复。林业生态文明建设水平排名靠后的有上海和天津，这两地作为大城市，辖区面积小，人口众多，城市化进程迅速，因此林地面积有限，森林覆盖率也相对较低。为了提升林业生态文明建设水平，需要加强政府管理，加大投入力度，推动生态环境保护和林业资源可持续发展。

湖北省林业生态文明建设水平在31个省（区、市）中排第18，林业生态文明建设发展指数从2010的17.96上升到2021年的30.15，年增长率为4.82%。湖北省森林类型多样，自然资源丰富，生态环境良好，为林业经济发展奠定了坚实基础。然而，湖北省也面临基础设施不完善、专业人才短缺等问题，同时，受城市化、工业化发展及环境污染等因素的影响，林业生态文明建设水平相较于其他省份而言仍有待提升。因此，需要进一步加强环境保护和生态修复工作，以推动林业生态文明取得更大进展。

3.3 长江经济带林业生态文明建设水平比较分析

3.3.1 长江经济带林业生态文明建设水平评估

长江经济带横跨中国东、中、西部，具有横贯东西、承接南北、通江达海的独特优势，包括上海、江苏、浙江、安徽、江西、湖北、湖南、重庆、四川、贵州、云南11个省(市)。长江经济带是我国经济高质量发展和生态文明建设的先行示范带，在长江经济带牢固树立"保护生态环境就是保护生产力，改善生态环境就是发展生产力"的发展思维，有利于带动全国经济的更高质量发展。为进一步研究，根据评价指标权重计算2010—2021年长江经济带各省(市)林业生态文明建设发展指数及均值，见表6。

表6 2010—2021年长江经济带林业生态文明建设综合水平评价表

省(市)	2010	2011	2012	2013	2014	2015	2016	2017	2018	2019	2020	2021	均值	排名
上海	10.22	9.99	10.63	11.15	11.55	11.83	11.66	11.84	11.70	11.88	11.81	11.88	11.34	11
江苏	17.64	20.53	19.12	20.80	21.09	21.33	21.98	22.81	23.24	23.38	24.78	24.52	21.77	10

续表 6

省(市)	2010	2011	2012	2013	2014	2015	2016	2017	2018	2019	2020	2021	均值	排名
浙江	24.81	27.91	28.23	29.23	29.50	29.79	30.65	30.97	32.11	32.71	32.24	32.03	30.01	2
安徽	17.39	19.54	19.89	21.85	23.67	24.24	25.34	26.19	27.16	27.71	27.88	28.64	24.13	8
江西	31.35	32.22	32.67	33.51	34.76	34.76	35.54	37.84	38.71	39.94	40.44	41.29	36.09	1
湖北	17.96	19.04	19.38	21.08	21.94	23.23	24.63	25.59	26.77	27.63	28.52	30.15	23.83	9
湖南	23.59	23.40	24.90	25.52	26.74	27.02	28.27	29.17	30.38	31.13	30.93	31.46	27.71	4
重庆	21.10	23.56	24.74	25.32	24.49	24.90	25.43	26.34	28.34	28.82	29.18	29.30	25.96	7
四川	23.10	23.52	24.34	24.95	25.00	26.07	27.23	27.81	29.22	30.44	30.78	30.67	26.93	6
贵州	22.66	17.52	19.21	22.22	23.80	25.12	26.65	31.73	35.51	37.10	37.00	37.24	27.98	3
云南	23.19	23.51	24.71	25.50	26.67	25.86	26.68	27.50	29.65	30.11	31.09	32.23	27.22	5

总体来看,长江经济带林业生态文明建设水平呈逐年上升趋势(图4)。党的十八大以来,以习近平同志为核心的党中央把生态文明建设作为关系中华民族永续发展的根本大计,长江经济带林业生态文明建设取得了一定的成效。然而,近三年林业生态文明建设水平进入缓慢增长阶段,说明长江经济带仍面临缺乏林业管理人才、林业技术创新能力不足等问题,需要稳扎稳打,加快林业生态文明建设。

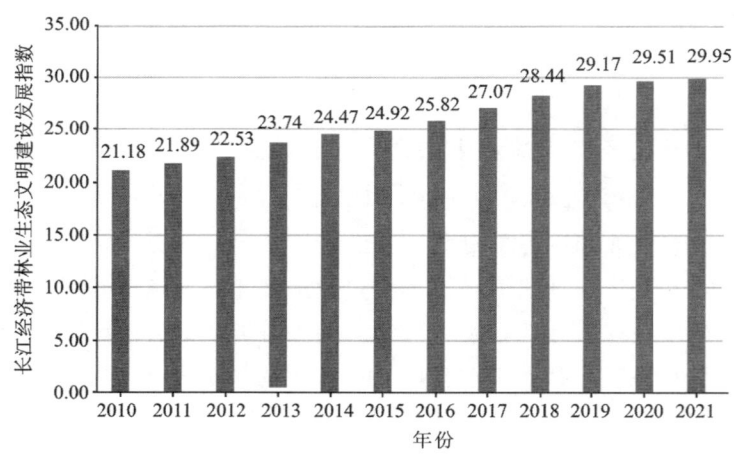

图 4　长江经济带林业生态文明建设综合水平变化图(2010—2021 年)

3.3.2　长江经济带林业生态文明建设水平的差异分析

长江经济带 11 个省(市)2010—2021 年林业生态文明建设水平排名从高到低为:江西、浙江、贵州、湖南、云南、四川、重庆、安徽、湖北、江苏、上海。其中,江西和浙江的林业生态文明建设水平较为突出,其林业生态文明建设发展指数均值都超过了30。这两省的森林覆盖率高且位居全国前列,有着丰富的林地和活立木资源,森林蓄积量大,同时林业产业总产值、林业第三产业产值在当地生产总值中占比较高,产业结构协调,林业人才队伍建设能力和苗木供应能力较强,这些都为林业生态文明建设提供了坚实的基础。上海的林业生态文明建设水平在各省市中排名末位,且与其他省市差距较大,其林业生态文明建设发展指数均值仅为11.34。上海是中国面积最小的直辖市,且它作为国际大都市、中国经济中心之一,工业化程度高,城市化进程快,土地资源受限,森林覆盖率较低,林业资源相对缺乏,这些因素限制了其林业生态文明建设的发展。同时,工业发展和城市建设增加了林地遭受污染和破坏的可能性,林业人才队伍建设能力和苗木供应能力较弱,都不利于上海的林业生态文明建设。为提升林业生态文明建设水平,上海需要加大生态保护力度,推动城市绿化、生态修复和可持续发展;要加强林业生态文明建设,实施科技兴林,优化林业的产业结构,促进林业产业的高质量发展。

3.4 湖北省林业生态文明建设水平比较分析

3.4.1 湖北省林业生态文明建设水平评估

根据评价指标权重计算出2022年湖北省12个地级市、1个自治州(恩施土家族苗族自治州,以下简称恩施州)、4个省直辖县级行政区(仙桃市、潜江市、天门市、神农架林区)的林业生态文明建设发展指数,并列出相应的排名,见表3-7。

表7 2022年湖北省林业生态文明建设综合水平评价

地区	林业生态文明建设发展指数	排名
武汉市	0.232 5	13
黄石市	0.242 9	11
十堰市	0.333 9	3
宜昌市	0.334 7	2
襄阳市	0.271 7	8
鄂州市	0.281 7	5
荆门市	0.256 6	10

续表 7

地区	林业生态文明建设发展指数	排名
孝感市	0.172 1	15
荆州市	0.234 8	12
黄冈市	0.272 6	7
咸宁市	0.278 1	6
随州市	0.267 0	9
恩施州	0.318 8	4
仙桃市	0.104 9	16
潜江市	0.097 8	17
天门市	0.199 9	14
神农架林区	0.779 7	1

根据表 7 可以看出，湖北省内林业生态文明建设水平差距较大。林业生态文明建设水平最高的为神农架林区，林业生态文明建设发展指数为 0.779 7。林业生态文明建设水平最低的为潜江市，发展指数仅为 0.097 8。总体来看，湖北省内大多数城市的林业生态文明建设仍处于较低水平，需要继续深入实施以生态建设为主的林业发展战略，着力维护生态安全，大力推进绿色惠民，加快林业改革发展，加强林业现代化建设。

3.4.2 湖北省林业生态文明建设水平的差异分析

2022 年湖北省内 12 个地级市、1 个自治州及 4 个省直辖县级行政区的林业生态文明建设水平排名从高到低为：神农架林区、宜昌市、十堰市、恩施州、鄂州市、咸宁市、黄冈市、襄阳市、随州市、荆门市、黄石市、荆州市、武汉市、天门市、孝感市、仙桃市、潜江市。神农架林区牢固树立"生态立区"的原则，加快推进绿色发展，实现了由伐木人向护林人、由木头经济向生态经济、由深山穷区向旅游名区的 3 个历史性转变。这些转变为神农架林区实现转型跨越和绿色崛起奠定了坚实的基础。凭借丰富的林地资源和林业生态价值，以及低人口密度优势，神农架林区已成为湖北省内林业生态文明建设水平最高的地区。宜昌市、十堰市和恩施州拥有丰富的湿地资源和森林资源，同时政府加大了对林业产业的扶持力度，致力于推动生态经济发展和林业高质量发展，使得这些地区的林业生态文明建设取得了显著成效。天门市、仙桃市、武汉市森林覆盖率低，森林资源相对匮乏，这在一定程度上制约了林业生态文明建设的发展。然而,武汉市采取了有效的生态环境保护措施,并积极发展林业第三产业,促进产业转型升级,因此其林业生态文明建设水平相对较高。孝感市、荆州市的林业产业整体发展水平较低,产业结构单一,亟须推动林业产业的转型升级,以提升产业链附加值。鄂州市虽然森林覆盖率较低,但通过调整林业产业结构,大力提升林业质量和效益,有效促进了林业生态文明建设水平的提高。潜江市则面临森林资源不丰富、技术和管理水平相对滞后的问题,其林业产业结构单一,林业第三产业占比最低,附加值较低、经济效益欠佳,加之政府部门在林业生态文明建设方面的政策支持力度不足,导致该地区的林业生态文明建设水平较低。咸宁市、黄冈市、随州市、襄阳市、黄石市拥有较为丰富的森林资源,为林业生态文明建设奠定了基础。这些地区注重生态保护,积极发展林业第三产业,努力提高林业经济效益,因此林业生态文明建设发展较好。

4 林业绿色高质量发展水平评估及其比较分析

推进林业高质量发展,关系生态文明建设和经济社会可持续发展,关系全面建成社会主义现代化强国目标。曹晓凯(2021a)指出,林业的高质量发展首先要建立在林业本身生态发展平衡的基础上。在当前林业发展过程中,质量和速度同等重要,要突出创新能力,注重林业产业发展的特殊性,落实"既要金山银山,也要绿水青山"。张瀚丹等(2023)认为林业绿色高质量发展是在保障林业生产质量和效率的基础上,实现林业的创新发展、协调发展、绿色发展、开放发展、共享发展,最终建立经济效益、社会效益和生态效益协调统一的林业发展体系。杨旭等(2020)将林业绿色高质量发展概括为在维持林业生态系统基本稳定的前提下,以经济活力不断释放和创新能力持续培养为发展动力,实现林业经济绿色增长和林业从业者生活水平不断提高的目标。发展林业是生态文明建设的重要举措。森林作为陆地生态系统的主体和重要资源,具有水库、钱库、粮库和碳库功能,是生态文明建设的主战场。深入实施以生态建设为主的林业发展战略,有利于加快生态修复工作进程,提高森林覆盖率,加强生态保护,形成全面保护自然资源、推进重点领域改革并吸引多元投入的林业支持保障体系,为建设美丽中国提供良好的生态保障。因此,本报告构建了林业绿色高质量发展评价体系,用于科学评价中国省域、长江经济带和湖北省林业绿色高质量发展水平,分析地区发展差距，找出存在的问题，并提出相应的对策建议，以期提高林业绿色高质量发展水平。

4.1 林业绿色高质量发展水平评价指标体系构建及模型选择

4.1.1 现有林业绿色高质量发展水平相关评价指标体系

2015年10月，习近平总书记在党的十八届五中全会上提出了创新、协调、绿色、开放、共享的新发展理念。这一理念是我国进入新发展阶段、构建新发展格局的战略指引，也是确保新时代新征程下我国经济社会持续健康发展的科学理念，为各行各业提供了全新的发展路径。在这一大背景下，林业作为生态文明建设的关键领域，对于实现全面建设社会主义现代化国家的目标具有重要意义。因此，以新发展理念为理论基础，科学系统地构建林业高质量发展评价体系，测度并分析中国林业发展的变动趋势、发展亮点及存在的问题，为未来林业的发展提供科学的参考和决策支持至关重要。目前，国内林业绿色高质量发展水平相关评价指标体系如表8所示。

表8　现有林业绿色高质量发展水平相关评价指标体系

研究者及年份	文献名称	指标构成
杨旭等（2020）	林业高质量发展水平评价研究——以贵州省为例	林业经济活力、林业创新能力、林业生态、林业经济绿色增长、林业从业者生活
刘友多（2020）	福建省林业高质量发展评价指标探讨	生态指标体系、质量指标体系、文化指标体系、保障指标体系
冷蕊蕊等（2022）	兰坪县林业高质量发展研究	林业要素发展、林业经济发展、林业环境发展
温赛赛等（2022）	中国林业高质量发展评价指标体系构建与测度	创新驱动、协调发展、绿色资源、开放稳定、共享和谐
陈小雨等（2022）	中国林业高质量发展水平的测度及区域差异分析	林业经济活力、林业创新能力、林业产业结构、林业生态环境、林业开放水平
蓝文升（2023）	福建省林业高质量发展水平测度	林业经济活力、林业创新能力、林业产业结构、林业生态环境、林业开放水平、林业共享程度

续表 8

研究者及年份	文献名称	指标构成
张瀚丹等（2023）	数字经济与林业高质量发展的耦合协调关系研究	创新增效、协调优化、绿色发展、内外开放、共富共享
贝淑华等（2023）	创新对林业高质量发展水平的影响研究	效率提高、结构优化、功能培育、绿色资源、成果共享

4.1.2 林业绿色高质量发展水平评价指标体系构建

根据高质量发展内涵，参考现有研究对高质量发展水平的指标构建，本报告以新发展理念为基础，从经济、创新、协调、绿色、开放、共享 6 个维度构建林业绿色高质量发展水平评价指标体系（表 9）。

表 9 本报告林业绿色高质量发展水平评价指标体系

准则层	一级指标	二级指标	单位	属性	权重
经济	林业经济活力	人均林业产业总产值	万元/人	正向	0.037 1
		林业旅游收入	万元	正向	0.098 5
		林地产出率	元/hm²	正向	0.109 6
创新	林业创新能力	林业科技教育投资	万元	正向	0.086 5
		林业科技交流与推广人数	人	正向	0.057 7
协调	林业产业结构	林业产业总产值占当地生产总值比重	%	正向	0.030 8
		林业第三产业产值占当地生产总值比重	%	正向	0.028 2
绿色	林业生态环境	森林覆盖率	%	正向	0.026 1
		森林火灾受害率	%	负向	0.000 8
		人均活立木蓄积量	m³/人	正向	0.205 6
		人均占有林地面积	hm²/万人	正向	0.111 2
开放	林业开放水平	林业利用外资项目数	个	正向	0.102 3
		森林公园国际知名度	%	正向	0.076 2
共享	林业共享程度	林业系统单位在岗职工年平均工资	元	正向	0.029 4

林业经济活力：包括人均林业产业总产值、林业旅游收入和林地产出率 3 个二级指标。人均林业产业总产值和林业旅游收入反映了一个地区林业经济发展的总体状况和林地作为旅游资源所带来的经济收益；林地产出率则反映了单位

面积林地的利用情况,是反映林地利用效率的重要指标。其中,人均林业产总值=林业产业总产值/地区总人数;林地产出率=林业产业总产值/林地面积。

林业创新能力:包括林业科技教育投资和林业科技交流与推广人数2个二级指标。它们反映了一个地区林业在科技教育和知识交流方面的投入和活跃程度,对林业创新有正向影响。

林业产业结构:包括林业产业总产值占当地生产总值比重和林业第三产业产值占当地生产总值比重2个二级指标。它们反映了林业产业对一个地区经济的贡献,以及林业产业结构的协调与优化。

林业生态环境:包括森林覆盖率、森林火灾受害率、人均活立木蓄积量和人均占有林地面积4个二级指标。森林覆盖率、人均占有林地面积和人均活立木蓄积量可用于衡量一个地区森林资源的丰富程度和提供生态服务产品的能力;森林火灾受害率则体现了一个地区对林业生态的综合管理水平。

林业开放水平:包括林业利用外资项目数和森林公园国际知名度2个二级指标。它们可以反映一个地区林业的对外开放程度和国际影响力。利用外资项目数越多、森林公园国际知名度越高,越能加快我国林业全球化发展进程。其中,森林公园国际知名度=森林公园海外旅游者人数/森林公园旅游总人数。

林业共享程度:包括林业系统单位在岗职工年平均工资1个二级指标。这一指标反映了一个地区林业的内部薪酬分配情况,从而揭示了林业经济共享水平和福利状况。

4.1.3 数据来源

常住人口数量、地区生产总值、林地面积、森林火灾受害面积、森林覆盖率等数据来自EPS数据库;林业产业总产值、林业第三产业产值、林业旅游收入、森林公园海外旅游者人数、森林公园旅游总人数、林业系统单位在岗职工年平均工资、活立木蓄积总量、林业利用外资项目数等数据来自《中国林业年鉴》《中国林业和草原统计年鉴》,以及各省林业局、统计局官网。

4.1.4 模型选择与指标权重确定

熵值法是一种客观赋权方法,利用信息熵,计算出各项指标的权重。信息量越大,熵越小;信息量越小,熵越大。本报告采用熵值法分析2010—2021年我国31个省(区、市)的林业绿色高质量发展水平及波动情况。

1. 进行标准化处理

为了消除不同指标量纲不一等问题，对各评价指标采用最大最小值法进行处理。具有正向属性的指标采用式(10)计算，具有负向属性的指标采用式(11)计算。

$$Y_{ij} = \frac{X_{ij} - \min(X_{ij})}{\max(X_{ij}) - \min(X_{ij})} \quad (10)$$

$$Y_{ij} = \frac{\max(X_{ij}) - X_{ij}}{\max(X_{ij}) - \min(X_{ij})} \quad (11)$$

式中，$\max(X_{ij})$ 和 $\min(X_{ij})$ 分别表示原始指标数据的最大值、最小值；X_{ij} 和 Y_{ij} 分别表示第 i 个省份的第 j 个原始指标值和标准化后的指标值。

2. 采用熵值法确定权重

根据式(12)计算各个指标的特征比重 p_{ij}：

$$p_{ij} = \frac{Y_{ij}}{\sum_{i=1}^{m} Y_{ij}} \quad (12)$$

计算熵值 e_j：

$$e_j = -\frac{1}{\ln m} \sum_{i=1}^{m} p_{ij} \ln p_{ij} \quad (13)$$

计算差异系数 g_j：

$$g_j = 1 - e_j \quad (14)$$

确定权重 w_j：

$$w_j = \frac{g_j}{\sum_{j=1}^{n} g_j} \quad j = (1, 2, \cdots, n) \quad (15)$$

综合评分：

$$U_1 = \sum_{j}^{m} w_j X_{ij} \quad (16)$$

式(16)中，U_1 为林业高质量发展水平指数。

4.2 中国省域林业绿色高质量发展水平比较分析

4.2.1 中国省域林业绿色高质量发展水平评估

首先，根据评价指标权重计算 2010—2021 年我国 31 个省（区、市）的林业高质量发展综合指数，并以各省（区、市）均值代表林业绿色高质量发展综合水平（表 10）。

表10 2010—2021年各省（区、市）林业绿色高质量发展综合水平评价表

省（区、市）	2010	2011	2012	2013	2014	2015	2016	2017	2018	2019	2020	2021	均值	排名
北京	0.041 7	0.048 4	0.043 3	0.038 9	0.045 9	0.051 1	0.056 3	0.055 6	0.064 6	0.081 0	0.082 7	0.088 2	0.058 1	26
天津	0.023 0	0.023 7	0.022 6	0.022 2	0.029 3	0.039 5	0.053 3	0.057 2	0.054 5	0.053 3	0.022 2	0.021 0	0.035 2	31
河北	0.039 6	0.047 3	0.052 5	0.053 7	0.044 3	0.048 4	0.050 1	0.049 6	0.055 1	0.062 3	0.059 5	0.062 8	0.052 1	28
山西	0.020 4	0.023 0	0.023 9	0.033 7	0.039 3	0.041 1	0.039 7	0.043 7	0.044 1	0.045 9	0.047 0	0.041 4	0.036 9	30
内蒙古	0.076 5	0.073 6	0.080 8	0.083 0	0.086 8	0.094 1	0.096 7	0.098 7	0.106 1	0.116 1	0.116 9	0.129 3	0.096 5	14
辽宁	0.052 3	0.059 2	0.078 2	0.073 5	0.074 7	0.071 1	0.071 4	0.073 2	0.074 1	0.070 1	0.053 4	0.055 4	0.067 2	22
吉林	0.088 7	0.086 8	0.083 2	0.085 2	0.085 5	0.088 9	0.087 6	0.086 6	0.095 1	0.136 4	0.070 7	0.076 2	0.089 3	17
黑龙江	0.071 6	0.083 3	0.095 5	0.090 2	0.100 4	0.089 2	0.097 5	0.096 4	0.101 4	0.100 0	0.091 5	0.093 9	0.092 6	16
上海	0.109 4	0.112 3	0.114 7	0.117 8	0.117 8	0.129 1	0.140 7	0.112 5	0.102 2	0.098 4	0.093 6	0.096 5	0.112 1	10
江苏	0.058 7	0.073 3	0.093 6	0.091 3	0.099 7	0.108 6	0.119 3	0.126 8	0.137 8	0.158 2	0.178 9	0.222 2	0.122 4	9
浙江	0.075 6	0.093 1	0.110 8	0.115 3	0.110 3	0.127 3	0.142 3	0.159 8	0.173 4	0.180 3	0.171 8	0.175 6	0.136 4	7
安徽	0.038 4	0.052 1	0.075 7	0.090 2	0.093 8	0.102 3	0.104 2	0.109 1	0.119 7	0.127 5	0.131 5	0.138 7	0.098 6	13
福建	0.152 8	0.153 9	0.158 7	0.172 7	0.150 5	0.141 3	0.146 9	0.146 9	0.177 8	0.191 1	0.167 9	0.160 0	0.160 0	2
江西	0.112 4	0.080 1	0.114 4	0.141 5	0.127 5	0.139 6	0.137 7	0.166 4	0.162 2	0.179 2	0.171 0	0.183 0	0.142 9	6
山东	0.039 8	0.074 0	0.082 0	0.095 7	0.113 9	0.115 8	0.116 2	0.119 3	0.117 7	0.114 1	0.105 2	0.104 5	0.099 8	12
河南	0.078 4	0.044 3	0.041 3	0.049 4	0.053 9	0.053 9	0.059 8	0.059 4	0.062 9	0.070 8	0.068 3	0.067 3	0.059 1	25
湖北	0.042 5	0.053 6	0.064 2	0.067 2	0.072 1	0.086 6	0.100 7	0.118 9	0.133 3	0.136 9	0.132 5	0.144 1	0.096 0	15
湖南	0.064 2	0.075 9	0.089 7	0.122 4	0.147 0	0.164 2	0.160 5	0.214 5	0.216 1	0.235 7	0.198 2	0.198 4	0.157 2	4
广东	0.057 7	0.060 8	0.119 9	0.127 7	0.139 6	0.152 6	0.167 5	0.196 9	0.211 0	0.219 8	0.212 7	0.221 9	0.157 4	3

续表10

省(区,市)	2010	2011	2012	2013	2014	2015	2016	2017	2018	2019	2020	2021	均值	排名
广西	0.091 5	0.093 0	0.101 7	0.106 8	0.118 5	0.125 1	0.132 4	0.218 3	0.156 7	0.200 8	0.202 3	0.236 2	0.148 6	5
海南	0.064 0	0.067 5	0.067 1	0.070 1	0.069 9	0.072 9	0.074 2	0.086 9	0.080 4	0.080 2	0.090 3	0.111 4	0.077 9	20
重庆	0.043 0	0.040 9	0.046 3	0.052 1	0.054 7	0.058 3	0.063 3	0.082 2	0.099 0	0.126 0	0.115 1	0.124 4	0.075 5	21
四川	0.094 6	0.106 4	0.126 6	0.120 0	0.130 9	0.111 4	0.122 3	0.135 5	0.146 7	0.159 4	0.153 0	0.188 2	0.132 9	8
贵州	0.043 7	0.045 9	0.051 9	0.066 6	0.071 7	0.079 3	0.084 2	0.146 2	0.176 3	0.188 2	0.175 6	0.179 1	0.109 1	11
云南	0.058 9	0.065 5	0.067 1	0.080 0	0.077 3	0.084 3	0.092 6	0.097 2	0.106 6	0.111 3	0.109 4	0.114 0	0.088 7	18
西藏	0.331 5	0.328 4	0.318 4	0.330 5	0.322 3	0.317 3	0.311 3	0.306 5	0.310 4	0.313 8	0.328 4	0.385 3	0.325 3	1
陕西	0.034 4	0.037 9	0.053 1	0.078 7	0.075 2	0.081 9	0.080 5	0.081 0	0.086 4	0.107 2	0.110 3	0.188 0	0.084 5	19
甘肃	0.042 2	0.042 1	0.044 1	0.053 8	0.054 9	0.059 7	0.063 8	0.074 2	0.085 1	0.074 9	0.081 1	0.094 9	0.064 3	23
青海	0.043 7	0.034 0	0.034 4	0.048 6	0.051 8	0.055 2	0.051 7	0.081 6	0.073 9	0.065 5	0.067 4	0.074 3	0.055 8	27
宁夏	0.028 1	0.031 8	0.032 6	0.036 3	0.041 1	0.043 5	0.053 0	0.052 8	0.051 0	0.045 2	0.061 8	0.061 8	0.044 9	29
新疆	0.035 9	0.037 9	0.042 9	0.057 8	0.056 9	0.066 9	0.061 8	0.064 5	0.070 5	0.085 5	0.073 6	0.077 9	0.061 0	24

从全国层面看,2010—2021年中国31个省(区、市)林业绿色高质量发展水平总体呈上升趋势,林业绿色高质量发展综合指数从2010年的0.069 1上升到了2021年的0.132 8(图5),2020年有所下降。2003年,《中共中央 国务院关于加快林业发展的决定》确立了以生态建设为主的林业发展战略,将林业定性为重要的公益事业和基础产业;2008年,《中共中央 国务院关于全面推进集体林权制度改革的意见》发布,自此林业改革如火如荼地展开。这两个文件的出台,标志着中国林业发展进入了转型升级的新阶段,迎来了加快发展的战略机遇期。中国持续推动造林绿化工作,不断扩大森林面积、提升森林质量。目前,中国已成为名副其实的林业大国,但并不是林业强国,林业高质量发展综合水平尚处于较低阶段,在森林质量、林地生产力、林产品供给等方面,我国与林业发达国家仍存在较大差距。

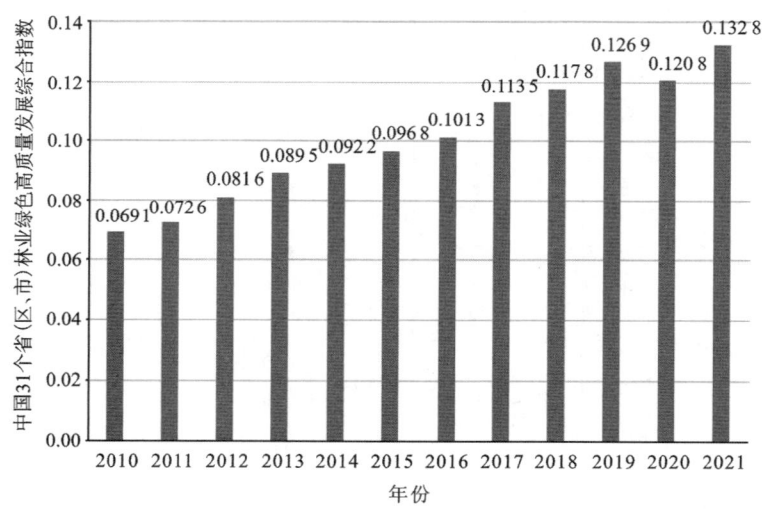

图5 中国31省(区、市)林业绿色高质量发展综合水平变化图(2010—2021年)

4.2.2 中国省域林业绿色高质量发展水平的差异分析

从省域层面来看,2010—2021年西藏、福建、广东、湖南、广西、江西、浙江四川等省(区、市)林业绿色高质量发展综合指数相对较高;山东、湖北、陕西、海南等大多数省份林业绿色高质量发展综合指数处于中等水平;林业绿色高质量发展综合指数较低的地区有宁夏、青海、河北、河南等。西藏拥有丰富的林地资源、活立木资源和低人口密度优势,这些为林业绿色高质量发展提供了坚实的基础;重庆、贵州、陕西、广西、湖北都通过提高创新能力、优化产业结构、大力发展林业旅游等实现林业向上转型发展;湖南和江西拥有丰富的林产资源,并且不断深化林权制度改革,林业绿色高质量发展水平一直保持较高水平;浙江、海南两省由于城市化进程加快、环境污染及人口增多,林业绿色高质量发展综合指数波动较大;上海由于土地资源紧张、林产资源匮乏、人口密集、城市化水平高、主题公园兴起导致森林公园国际吸引力减弱等,林业绿色高质量发展水平在2017—2020年呈下降趋势,2021年才有所上升;天津林地面积最小、森林覆盖率低、林业科技教育投资较少、森林火灾受害率较高,这些导致了其林业绿色高质量发展综合指数较低;山西森林覆盖率、林业产业总产值、人均林业产业总产值状况不理想,加上林业产业结构不协调,其林业绿色高质量发展综合指数也处于低水平。

4.3 长江经济带林业绿色高质量发展水平比较分析

4.3.1 长江经济带林业绿色高质量发展水平评估

为了进一步地研究,根据评价指标权重计算2010—2021年长江经济带各省(市)林业绿色高质量发展指数及均值,见表11。

总体来看,长江经济带林业绿色高质量发展水平呈上升趋势,2020年林业绿色高质量发展水平有所下降,但2021年林业高质量发展水平继续提高(图6)。随着长江经济带发展战略的全面实施和生态文明建设的加快推进,长江流域天然林保护修复的重要地位日益凸显,效益也逐渐显现。政府部门及林业局高度重视林业绿色高质量发展,全面保护长江流域天然林,加强资源管护、封山育林、人工造林、飞播造林等营造林系列措施,建立森林生态效益补偿机制,加大林业投资力度,提升了长江经济带林业绿色高质量发展水平。

4.3.2 长江经济带林业绿色高质量发展水平的差异分析

长江经济带11个省(市)2010—2021年林业绿色高质量发展水平排名从高到低依次为:湖南、江西、浙江、四川、江苏、上海、贵州、安徽、湖北、云南、重庆。其中,湖南省和江西省凭借着森林覆盖率高、林地资源丰富、林业产业建设发展能力较强、林业第三产业产值在当地生产总值中占比较高,以及林权制度改革等优势,林业绿色高质量发展水平一直保持较高水平;云南省和重庆市地势复杂,山地较多,可能导致林业开发和管理较为困难,再加上林业产业发展缓慢、其产值在当地生产总值中占比较低等原因,林业发展相对落后。

表11 2010—2021年长江经济带林业绿色高质量发展综合水平评价表

省份	2010	2011	2012	2013	2014	2015	2016	2017	2018	2019	2020	2021	均值	排名
上海	0.109 4	0.112 3	0.114 7	0.117 8	0.117 8	0.129 1	0.140 7	0.112 5	0.102 2	0.098 4	0.093 6	0.096 5	0.112 1	6
江苏	0.058 7	0.073 3	0.093 6	0.091 3	0.099 7	0.108 6	0.119 6	0.126 8	0.137 8	0.158 2	0.178 9	0.222 2	0.122 4	5
浙江	0.075 6	0.093 1	0.110 8	0.115 3	0.110 3	0.127 3	0.142 3	0.159 8	0.173 4	0.180 3	0.171 8	0.175 6	0.136 4	3
安徽	0.038 4	0.052 1	0.075 7	0.090 2	0.093 8	0.102 3	0.104 2	0.109 1	0.119 7	0.127 5	0.131 5	0.138 7	0.098 6	8
江西	0.112 4	0.080 1	0.114 4	0.141 5	0.127 5	0.139 6	0.137 7	0.166 4	0.162 2	0.179 2	0.171 0	0.183 0	0.142 9	2
湖北	0.042 5	0.053 6	0.064 2	0.067 2	0.072 1	0.086 6	0.100 7	0.118 9	0.133 3	0.136 9	0.132 5	0.144 1	0.096 0	9
湖南	0.064 2	0.075 9	0.089 7	0.122 4	0.147 0	0.164 2	0.160 5	0.214 5	0.216 1	0.235 7	0.198 2	0.198 4	0.157 2	1
重庆	0.043 0	0.040 9	0.046 3	0.052 1	0.054 7	0.058 3	0.063 3	0.082 2	0.099 0	0.126 0	0.115 1	0.124 4	0.075 5	11
四川	0.094 6	0.106 4	0.126 6	0.120 0	0.130 9	0.111 4	0.122 3	0.135 5	0.146 7	0.159 4	0.153 0	0.188 2	0.132 9	4
贵州	0.043 7	0.045 9	0.051 9	0.066 6	0.071 7	0.079 3	0.084 2	0.146 2	0.176 3	0.188 2	0.175 6	0.179 1	0.109 1	7
云南	0.058 9	0.065 5	0.067 1	0.080 0	0.077 3	0.084 3	0.092 6	0.097 2	0.106 0	0.111 3	0.109 4	0.114 0	0.088 7	10

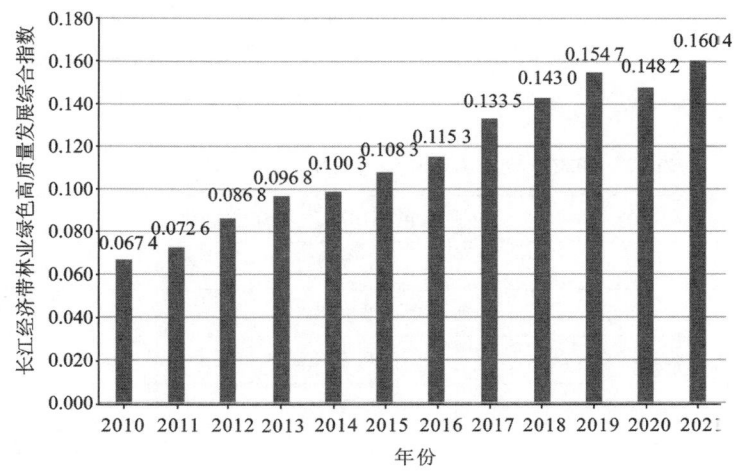

图 6　长江经济带林业绿色高质量发展综合水平变化图(2010—2021 年)

湖北省林业绿色高质量发展水平在长江经济带 11 个省(市)中排名第 9,相比于其他省市,其水平较低。湖北省常住人口数量在长江经济带中排名第 5,人均林地面积和人均活立木蓄积量不大,且林业系统单位在岗职工年平均工资和林业旅游收入都处于中等水平,林业单位专业技术人员流失情况比较重,工资福利待遇较低。因此,湖北省需要坚守生态优先的原则,坚定不移地走高质量发展之路,继续大力推进长江两岸造林绿化工程,夯实国家林业重点工程。同时,合理调整产业结构,优化调整特色经济品种结构,提高林产品的品质与价值,大力推动林业产业高质量发展。此外,还需加强林业教育科技投入,培养林业单位专业技术人员,并适当提高林业企业职工劳动报酬。

4.4　湖北省林业绿色高质量发展水平比较分析

4.4.1　湖北省林业绿色高质量发展水平评估

为了进一步的研究,根据评价指标权重计算出 2022 年湖北省 12 个地级市、1 个自治州及 4 个省直辖县级行政区的林业高质量发展指数,并列出排名,见表 12。

从表 12 中可以看出,湖北省内林业绿色高质量发展水平差距较大。2022 年,林业绿色高质量发展水平最高的为神农架林区,林业绿色高质量发展指数达到 0.668 0;而水平最低的为仙桃市,发展指数仅为 0.041 6。总体来看,湖北省内大多数地区林业绿色高质量发展水平较低,需要进一步提高林业整体战略站位,推动林业产业升级,打造林业绿色经济体,立足"四库"(水库、钱库、粮库、碳库),引领林业高质量发展,实现林业发展由量变到质变的关键飞跃。

表 12　2022 年湖北省林业绿色高质量发展综合水平评价表

地区	林业绿色高质量发展综合指数	排名
武汉市	0.362 8	2
黄石市	0.073 6	15
十堰市	0.138 5	6
宜昌市	0.195 6	3
襄阳市	0.147 9	4
鄂州市	0.100 5	10
荆门市	0.127 7	7
孝感市	0.139 4	5
荆州市	0.116 0	8
黄冈市	0.094 6	12
咸宁市	0.100 2	11
随州市	0.082 2	14
恩施州	0.113 7	9
仙桃市	0.041 6	17
潜江市	0.092 4	13
天门市	0.047 3	16
神农架林区	0.668 0	1

4.4.2　湖北省林业绿色高质量发展水平的差异分析

2022 年湖北省内 12 个地级市、1 个自治州及 4 个省直辖县级行政区的林业绿色高质量发展水平排名从高到低依次为:神农架林区、武汉市、宜昌市、襄阳市、孝感市、十堰市、荆门市、荆州市、恩施州、鄂州市、咸宁市、黄冈市、潜江市、随州市、黄石市、天门市、仙桃市。其中,神农架林区林业高质量发展水平遥遥领先。神农架林区拥有优越的自然条件,是国家重点生态功能区,森林覆盖率高达 91.1%,为林业发展提供了得天独厚的自然优势。2022 年,神农架林区林业产业总产值为724 772万元,且常住人口较少,仅为6.29万人,因此人均林业产业总产值较高,达到11.52万元/人;林业第三产业产值为697 498万元,占林业产业总产值的96.24%,林业产业不再局限于简单的原始生产和加工,向着更加多元化、服务化和附加值较高的方向发展。武汉市凭借着较强的经济实力和科技创新能力,在林业科技创新方面投入力度较大,能够引进先进技术和管理理念,提高林业生产效率和质量;其林业第三产业产值为2 386 087万元,占林业产业总产值的68.98%,林业产业也向价值链的中高端延伸,提供更多的服务和附加值产品。仙桃市、天门市、黄石市、潜江市由于地理位置、地形地貌等因素,森林覆盖率较低,林业资源相对较少,限制了林业产业的发展;经济结构相对单一,对林业的依赖度和林业发展重视程度不高;林业科技创新能力较弱,缺乏先进技术和管理经验,进一步限制了林业高质量发展。随州市林地资源较好,但林业科技创新能力不强,林业产业结构需要进一步升级。黄冈市人均林业产业总产值和林地产出率较低。咸宁市、恩施州林业产业结构较为单一,林业创新投入较少。荆州市和孝感市林业高质量发展水平虽然排名中等,但林业第三产业在当地生产总值中占比较低,需要进一步推动林业产业升级,培育壮大集多元业态于一体的林业经济综合体。鄂州市虽然林业资源并不丰富,但林地产出率高、林业产业结构实现优化,产业竞争力较强。宜昌市和襄阳市拥有丰富的森林资源和良好的生态环境,这为林业产业的发展提供了良好的物质基础;同时,两市注重林业科技创新,推动了林业产业转型升级,因而林业绿色高质量发展水平较高。

5 问题与对策建议

5.1 林业生态文明建设与绿色高质量发展存在的问题

其一,作为一项重要的森林资源保护和管理制度,林长制在应对林业资源的全域性、系统性和协作性特征方面存在局限性,导致内在矛盾的产生。具体问题包括:行政区划分块治理与全域性治理之间的矛盾,林草部门难以跨省协调生态治理问题;林业资源分工治理与系统治理之间的矛盾,部门间的隔阂难以消除;以及上级党政领导权威思维导致政策执行力缺乏前瞻性等。同时,林长制过于偏重行政命令，对社会力量的吸引力不足。封闭性的政策执行空间不利于其他社会力量的参与，企业仍被视为政府规制的对象，而非治理的合作伙伴。未来需要完善市场型政策工具，激励企业和公众参与林业资源生态治理。

其二，生态环境监管不到位，主要表现为监管不力、执法不严。这种情况下，林地常常受到违法开发和滥伐的威胁，这不仅破坏了森林资源，还严重影响了生态环境的稳定和可持续发展。违法行为导致生态系统遭受破坏，引发土壤侵蚀、水土流失等问题，危害环境生态平衡。生态破坏不仅影响了植被的恢复与生长，也减少了生物多样性，进而导致生态系统的崩溃，对当地生态环境造成长期不利的影响。

其三，林业科技创新体制不健全，林业创新人才匮乏。科技创新是林业绿色高质量转型的关键支撑，但当前，一方面林业科技创新以科研机构、高等院校为主体，而科研机构和高等院校的科研活动往往与企业生产实际需要脱节，导致林业科技创新主体和供求错位；另一方面，处于生产第一线的林农、林业工人和基层林业从业人员，对科学知识的掌握程度又处于较低水平。科技顶尖人才的缺乏，严重制约了林业学科的快速发展，并导致林业原始创新能力薄弱和技术储备不足。

其四，林业经济形式单一，生态产品价值转化路径较为单一。林业经济主要依赖于森林资源，经济基础相对薄弱，市场化程度较低，资源配置形式主要依托计划经济。林业的主导产业稀少，产业优势不明显，缺乏科学合理的产业规划布局与管理创新。林业深加工能力较弱，林产品品牌在国际市场上的口碑较差、含金量较低，缺乏核心竞争力。生态产品价值实现主要依托于农产品、林产品等物质产品的价值提升，以及生态旅游、康养、研学等产业模式开发，转化路径相对单一。林文旅项目虽然具有一定的热点效应，能够有效促进乡村振兴和当地居民增收就业，但整体经济效益相对工业而言较低，建设周期长、投入较大、产业链较短，对地方经济增长的拉动作用有限。此外，环境权益交易市场活跃度难以提高，也限制了生态产品价值的实现。

其五，生态产品价值转化模式同质化问题显著，进而使得相关产业面临可持续发展的挑战。当前，生态产品价值转化模式主要体现在生态农业、生态产品粗加工、农家乐和渔家乐等升级的民宿等方面。这些模式因科技含量与附加值较低，必然导致激烈的市场竞争，并面临较高的市场风险。此外，一些前期快速发展的地区已出现持续支撑力不足、后劲乏力的现象，具体表现为项目落地困难、产业层次偏低、人才等生产要素瓶颈难以突破、企业发展空间受限及企业持续盈利能力弱等问题。

其六,林业生态价值实现存在问题,林业生态补偿机制不完善。在生态产品价值实现机制中,生态系统生产总值(gross ecosystem product,GEP)核算的实用性不够强,它对指导地方实际工作的指向性不够明晰。核算结果主要反映自然生态本底状况,很难通过人为努力去提高,导致核算结果推动生态产品价值实现的实用性不足。同时,核算内容偏重数量而忽视质量,定价过程中存在同质化倾向,使得人为治理生态环境、提高生态产品附加值等努力没有在核算结果中显现,降低了应用核算结果推动地方改善生态环境、促进生态产品价值实现的可操作性。此外,当前的生态产品价值核算方法将边际价值当成了存量价值,这可能导致对生态产品价值的错误评估。林业生态补偿是鼓励和保护生态公益林的重要措施,但在实际操作中,补偿标准、补偿方式、补偿资金来源等方面还存在不完善之处,影响了生态公益林的保护和可持续发展。

5.2 林业生态文明建设与绿色高质量发展的对策建议

党的十八大以来,习近平总书记高度重视生态文明建设和林业工作,多次就林业工作作出重要指示,赋予了林业新的重大使命,为新时代林业提出了新的要求,也带来了新的发展机遇。对此,本报告为促进林业生态文明建设与绿色高质量发展提出以下8项对策建议。

一是加强林草部门基层基础建设,以"林长制"促进"林长治"。进一步完善林长制,严格实行生态保护红线监管制度,落实生态空间管控边界,构建国土空间开发保护新格局,筑牢自然生态安全根基。因地制宜推出"林区警长制""林长＋检察长""民间林长"等一系列新制度,形成保护发展林草资源的强大合力,彰显强大的制度优势,释放出良好的治理效能。要特别注重从制度层面加强组织领导,强化和压实地方各级党委和政府推行林长制的主体责任。制定督查考核办法,强化对省级总林长责任落实的监督考核,同时将地方各级林长的考核结果作为党政领导干部综合考核评价的重要依据。对责任落实不到位、履职尽责不到位的,严肃追责问责。

二是加强森林资源保护和管理。严格落实习近平总书记关于科学推进大规模国土绿化的指示,制定实施国土绿化质量提升三年行动计划,明确国土绿化的重点区域和重点任务。加强林权制度改革,以激发林业发展活力。开展集体林权制度改革试点,探索改革试点经验,完善林业产权制度,促进林业经营主体的多元化。加强森林资源督查,严厉打击涉林违法犯罪行为,确保森林资源安全。在林业资源生态环境治理中,可以引入市场机制,考虑设立林业资源生态发展绿色基金,以协调跨区政府之间的利益关系,并建立可持续的市场利益联结机制,促进市场化的生态治理工具的应用。具体而言,政府可以通过评选绿色企业、开展绿色信贷等措施激励和引导企业积极参与林业资源生态环境治理。积极拓宽公众参与的层次、范围和渠道,鼓励公众在林业生态治理方案制定、考核评价等环节中积极参与,实现公众参与治理由形式化向实质性转变。此外,为免除公众参与林业生态治理的后顾之忧,应完善公众参与治理制度,确保其参与权利及利益不受损害。

三是推进林业科技创新和人才队伍建设。加大林业科技创新投入力度,鼓励林业科研机构和企业加强技术创新,提高林业科技成果转化率。加强林业人才队伍建设,提高林业从业人员的素质和能力。加强林业教育培训,引进和培养高层次林业人才,建立林业人才激励机制。加强林业科技创新合作,推动产学研用一体化发展,促进林业科技创新成果的转化和应用。打造智慧林业一体化信息平台,推进林业大数据整合应用,完善林业生态感知体系,不断提升林业现代化水平。突出应用导向,加强科技攻关,形成覆盖流域治理和统筹发展的林业技术和标准体系。

四是加快林业产业转型升级,拓宽生态产品价值实现路径。加强林业产业结构调整,发展绿色林业产业,推动林业产业向绿色、低碳、循环方向发展。大力发展林业特色产业,培育壮大林业龙头企业,提升林业产业整体竞争力。支持发展林业深加工产业,推动林业产业向高附加值、高效益方向发展。加强林业与旅游、文化等产业的融合发展,拓展林业产业链,提高林业经济效益。此外,在推动林业生态产品价值实现时,应拓宽生态产品价值实现路径,不仅考虑直接价值,如农产品销售、生态旅游开发等,也应考虑间接价值,如生态系统对经济的服务支撑作用。探索发展环境敏感型产业,如洁净医药、光伏工程等。

五是在推动林业生态产品价值实现时,应突出特色,实现高质量发展。借鉴成功经验,以生态化为导向调整产业结构,推动林业现代化、高效化转型,促进三产横向融合,推动主导产业特别是生态型产业集聚发展。此外,在推动林业生态资源确权工作时,应分类施策,逐步解决确权难题。对于能够赋权的生态资源,应明确赋权部门;对于难赋权的生态资源,应开展载体化认定,探索物权化有效路径。

六是优化GEP核算方法,健全生态保护补偿机制。在核算林业生态产品价值时,应更加注重实用性,结合市场情况,体现生态效益。优化核算方法,不仅关注生态系统家底"存量"的增减,更应体现人类探索生态资源资产转化利用、生态产品供给能力变化并将其转化为经济价值的"增量"。聚焦生态保护补偿立法工作,加强顶层设计和统筹谋划,要统筹运用好法律、行政、市场等手段,把生态保护补偿、生态损害赔偿、生态产品市场交易机制等有机结合起来,协同发力,做到奖罚分明,避免边获取补偿边污染的现象发生。完善市场化、多元化生态补偿机制,持续深入推进生态环境损害赔偿制度改革,确保保护修复生态环境的行为能够获得合理回报,而破坏生态环境的行为则需付出相应代价。

七是加强林业信息化和数字化建设。加强林业信息化基础设施建设,提升林业信息化水平。推动林业数据资源共享和利用,加强林业信息系统建设和运行维护。推进林业大数据应用,实现林业资源信息的共享和利用。加强林业大数据在森林资源监测、林业灾害预警、林业经营决策等方面的应用。加强林业数字化建设,推动林业管理现代化。推动林业数字化技术在林业规划、林业经营、林业监督等方面的应用,提高林业管理效率。

八是创新绿色金融服务。研究完善反映生态价值、体现市场供需关系的生态资源资产价格形成机制,鼓励金融机构将生态产品价值纳入生态资源资产估值作价体系。完善普惠金融和绿色金融的配套支持政策,创新差异化金融产品,专项支持生态资源资产开发。同时,完善金融风险防控机制,建立风险共担机制,为出险贷款的抵(质)押物提供处置交易平台。

参考文献

贝淑华,王圆,沈杰,2023.创新对林业高质量发展水平的影响研究[J].林业经济,45(8):5-19.

卞纪兰,赵桂燕,2019.基于DEA的黑龙江省林业产业投入产出效率评价研究[J].林业经济,41(6):63-68.

曹晓凯,2021a.林业高质量发展水平评价分析[J].现代园艺,44(16):182-183.

曹晓凯,2021b.保护生态环境对推动林业高质量发展影响的探究[J].南方农业,15(15):66-67.

陈建成,宋维明,徐晋涛,等,2008.中国林业技术经济理论与实践(2008)[M].北京:中国林业出版社.

陈绍志,周海川,2014.林业生态文明建设的内涵、定位与实施路径[J].中州学刊(7):91-96.

陈小雨,管志杰,2022.中国林业高质量发展水平的测度及区域差异分析[J].中国林业经济(1):7-11.

邓冬梅,刘萍,邓鉴锋,等,2018.林业生态文明评价指标体系构建与应用[J].林业与环境科学,34(5):48-52.

丁胜,赵庆建,曹福亮,等,2019.基于DEA分析法的区域林业产业规模经济效率评价[J].中国林业经济(1):1-5+20.

丁宪浩,2010.论生态生产的效益和组织及其生态产品的价值和交换[J].农业现代化研究,31(6):692-696.

高建中,2007.论森林生态产品——基于产品概念的森林生态环境作用[J].中国林业经济(1):17-19+37.

高晶,麦强盛,2014.基于DEA方法的云南省林业可持续发展能力评价[J].林业经济问题,34(3):275-280.

高利建,马鑫,魏奇,2023.林业生态文明建设的内涵、定位与实施路径[J].河北农业(8):29-31.

韩学飞,赵富春,刘鑫海,2023.区域性林业生态建设评估体系构建与应用[J].现代园艺,46(18):175-177.

何立峰,2018.深入贯彻新发展理念推动中国经济迈向高质量发展[J].宏观经济管理(4):4-5+14.

和月月,赵俊臣,2017.云南省林业生态文明建设评价指标体系研究[J].西南林业大学学报(社会科学),1(1):39-48.

黄源,麦强盛,2015.基于可拓学方法的云南省林业可持续发展评价[J].林业资源管理(5):139-144.

吉鹏飞,吴玉红,2012.构建林场内部控制体系的探讨[J].绿色财会(9):34-36.

蒋凡,秦涛,2022."生态产品"概念的界定、价值形成的机制与价值实现的逻辑研究[J].环境科学与管理,47(1):5-10.

金哲丽,曹冰玉,2020.基于DEA模型的湖南省林业投资效率分析[J].中南林业科技大学学报(社会科学版),14(2):89-95.

赖作卿,张忠海,2008.基于DEA方法的广东林业投入产出超效率分析[J].华南农业大学学报(社会科学版),7(4):43-48.

蓝文升,2023.福建省林业高质量发展水平测度[J].中国林业产业(12):64-66.

冷蕊蕊,刘燕,胡云耀,2022.兰坪县林业高质量发展研究[J].安徽农学通报,28(5):88-90.

李朝洪,赵晓红,2018.关于中国林业生态建设的思考[J].林业经济,40(5):3-9.

李军辉,2020.我国林业生态建设的意义和发展方向[J].农家参谋(8):114.

李丽,王心源,骆磊,等,2018.生态系统服务价值评估方法综述[J].生态学杂志,37(4):1233-1245.

李淑丽,石娟华,2021.林业生态建设与林业产业发展的关系分析[J].山西农经(8):120-121.

林震,孟芮萱,2023.以林长制统领新时代林业生态文明建设[J].国家林业和草原局管理干部学院学报,22(2):7-14.

刘琳,吴云飞,2023.基于AHP-模糊综合评价法的东北地区林业生态建设研究[J].森林工程,39(3):82-90.

刘先,2014.基于DEA方法的江苏省林业生产效率研究[D].北京:北京林业大学.

刘晓光,朱晓东,2013.黑龙江省限制开发区域林业生态建设补偿机制探析[J].生态经济(3):189-193.

刘友多,2020.福建省林业高质量发展评价指标探讨[J].防护林科技(5):72-75.

吕洁华,付思琦,张滨,2019.黑龙江省国有重点林区林业经济投入产出效率研究[J].林业经济问题,39(3):300-306.

孟祥江,李灵芝,王蕾,等,2016.重庆三峡库区林业生态文明建设评价指标体系研究[J].湖北林业科技,45(5):12-15.

任耀武,袁国宝,1992.初论"生态产品"[J].生态学杂志,11(6):50-52.

沈伟航,2021.中国林产工业绿色全要素生产率研究[D].北京：中国林业科学研究院.

孙刚,盛连喜,周道玮,等,2000.生态系统服务:对人与自然关系的新认识[J].东北师大学报(自然科学版),32(1):79-83.

谭世明,2002.论生态林业的理论与实践途径[J].湖北民族学院学报(自然科学版),20(2):18-20.

田淑英,许文立,2012.基于DEA模型的中国林业投入产出效率评价[J].资源科学,34(10):1944-1950.

温赛赛,贯君,杨跃,2022.中国林业高质量发展评价指标体系构建与测度[J].林业经济问题,42(3):241-252.

徐凯飞,2021.林业高质量发展下森林采伐管理问题研究[J].江苏科技信息,38(19):29-32.

杨露露,余松,刘滨,等,2021.林农林下经济经营效率测度及其原因研究——基于DEA-Tobit模型[J].当代农村财经(12):17-23.

杨旭,邓远建,屈雪,2020.林业高质量发展水平评价研究——以贵州省为例[J].武汉交通职业学院学报,22(1):18-27.

杨沅志,邓鉴锋,姜杰,等,2015.省级林业生态文明建设评价指标体系研究——以广东省为例[J].林业资源管理(5):26-31＋150.

于丽瑶,石田,郭静静,2019.森林生态产品价值实现机制构建[J].林业资源管理(6):28-31＋61.

张瀚丹,李娅,2023.数字经济与林业高质量发展的耦合协调关系研究[J].林业经济,45(11):50-72.

张林波,虞慧怡,李岱青,等,2019.生态产品内涵与其价值实现途径[J].农业机械学报,50(6):173-183.

张琦,万志芳,2021.林业产业高质量发展系统动力机制研究[J].林业经济问题,41(6):607-613.

张颖,杨桂红,李卓蔚,2016.基于DEA模型的北京林业投入产出效率分析[J].北京林业大学学报,38(2):105-112.

朱洪革,何津源,宁哲,2022.黑龙江省林业高质量发展对策研究[J].农业经济(3):39-41.

宗国,2021.林业生态文明建设的内涵、定位与实施路径[J].南方农业,15

(33): 61-63.

BÎTA I M G, CHIRIAC S E, 2011. The ecological and economic construction of forest space: a first step towards sustainability[J]. Managerial Challenges of the Contemporary Society (2): 109-112.

CLINCH J P, 2000. Assessing the social efficiency of temperate-zone commercial forestry programmes: Ireland as a case study[J]. Forest Policy and Economics, 1(3-4): 225-241.

COSTANZA R, DARGE R, GROOT R, et al., 1997. The value of the world's ecosystem services and natural capital[J]. Nature, 387: 253-260.

DAILY G C, 1997. Nature's services: societal dependence on natural ecosystems[M]. Washington D. C. : Island Press.

FARRELL M J, 1957. The measurement of productive efficiency[J]. Journal of the Royal Statistical Society, 120(3): 253-290.

HAUSENBUILLER R L, 1985. Soil science: principles and practices [M]. 3rd ed. Dubuque: W. C. Brown Co.

HOU H, 2022. Protection strategy of forestry ecological natural environment[J]. Nature Environmental Protection, 3(1): 9-17.

LEBEL L G, STUART W B, 1998. Technical efficiency evaluation of logging contractors using a nonparametric model[J]. Journal of Forest Engineering, 9(2): 15-24.

LEE J Y, 2005. Using DEA to measure efficiency in forest and paper companies[J]. Forest Products Journal, 55(1): 58-66.

LINDEMAN R L, 1942. The trophic-dynamic aspect of ecology[J]. Ecology, 23(4): 399-417.

PEROVICH L, HULKO O, 2019. Monitoring the actual ecological and economic situation of agricultural land use in Ukraine[J]. Geodesy and Cartography, 68(2): 349-359.

SALEHIRAD N, SOWLATI T, 2006. Productivity and efficiency assessment of the wood industry: a review with a focus on Canada[J]. Forest Products Journal, 56(11-12): 25-32.

ŠPORČIĆ M, MARTINIĆ I, LANDEKIĆ M, et al., 2009. Measuring efficiency of organizational units in forestry by nonparametric model[J]. Croatian Journal of Forest Engineering, 30(1): 1-13.

VIITALA E J, HÄNNINEN H, 1998. Measuring the efficiency of public forestry organizations[J]. Forest Science, 44(2): 298-307.

WU L, FU W, HU Y X, et al., 2024. Spatial and temporal evolution of forestry ecological security level in China[J]. Environment, Development and Sustainability(8):1-23.

中 篇

专题报告："两山"理念实践案例

林业生态文明建设与绿色高质量发展研究

湖北省生漆产业发展对策及建议

邓宏兵[1]，杨红军[2]，周忠诚[3,4]，康文双[1]

(1.中国地质大学(武汉)经济管理学院,湖北武汉,430074；
2.湖北省中国漆文化研究会,湖北武汉,430019；
3.湖北省林业经济学会,湖北武汉,430079；
4.湖北生态工程职业技术学院,湖北武汉,430200)

摘　要：湖北省作为中国大漆文化的重要发源地,具有丰富的生漆资源和深厚的文化底蕴。本文以湖北省生漆产业为研究对象,探讨了其在践行"两山"理念背景下的发展机遇与挑战,重点分析了国内外生漆产业的发展现状与前景,发现湖北省具有生漆产量大、漆艺传承久、科研基础雄厚等优势,但当前也面临着生漆产业专业人才短缺、龙头企业缺乏、产业链不完善等问题。基于此,本文提出了加强顶层设计、开展漆树资源普查、改进采集技术、培育龙头企业、完善产业链等政策建议。

关键词："两山"理念；湖北；生漆产业；存在问题；对策建议

"绿水青山就是金山银山"(以下简称"两山")理念深入人心,如何践行落地已成为当务之急。生漆产业横跨第一、第二、第三产业,蕴含巨大的经济效益、文化效益、生态效益,正成为云南、贵州、四川、陕西等多个省份争相布局的特色产业。湖北省是中国大漆文化的重要发源地,肩负着振兴国漆产业和复兴楚漆文明的历史使命。湖北省生漆产业发展基础良好,正迎来前所未有的发展机遇。夯实"两山"理念转化落地的路径,大力发展湖北省生漆产业,是湖北省贯彻落实习近平生态文明思想、践行"两山"理念的重要举措,也是落实习近平考察湖北时关于加强文化资源保护和推动文化创新发展等指示精神的重要措施。

1 国内外生漆产业发展前景广阔

生漆具有防腐蚀、耐强碱、防潮、绝缘、耐高温等优异性能,被广泛应用在建筑、家具、工艺品、船舶、汽车、航空等领域。从市场规模来看,生漆市场呈现出稳定增长的趋势。据统计,全球生漆市场规模在逐年扩大,复合年增长率约为10%。这一数字不仅彰显了生漆产业的蓬勃发展,也预示着其未来巨大的市场潜力。

各国政府高度重视生漆资源的保护和发展,出台了一系列政策措施,为生漆产业的可持续发展创造了良好环境。在日本,政府不仅制定了严格的生漆采集与加工标准,以确保生漆产品的品质与安全,还通过举办生漆文化节、设立生漆研究机构等方式,深入挖掘生漆文化的内涵与价值,推动生漆产业与现代设计的融合,使其在国际市场上更具竞争力。在欧洲,一些国家通过立法保护生漆资源,鼓励企业研发创新,提高生漆产品的附加值。同时,政府还积极搭建国际合作平台,促进生漆产业的跨国交流与合作,共同推动全球生漆产业的繁荣发展。

随着人们对环保、健康生活的追求日益增强,生漆这一天然、环保的涂料越来越受到消费者的青睐。科技的进步和创新能力的提升促使生漆的生产过程摆脱了传统手工的束缚,不仅提高了生漆的生产效率和质量,还降低了生产成本,为生漆产业的转型升级提供了有力支撑,使生漆能够被应用于更多领域,极大地拓展了生漆的产销规模。由此可见,全球生漆产业正迎来一个前所未有的发展机遇期。

中国是世界上最早发现并使用生漆的国家,也是全球漆树分布最广、生漆产量最多、生漆质量最优、漆工艺最发达的国家,培育开发了丰富的漆树资源,创造出灿烂辉煌的国漆文化。在20世纪90年代以前,我国一直拥有全球80%以上的漆树资源,贡献了全球85%以上的生漆产量和近九成的漆籽油供应量。然而,随着现代工业技术和化学材料的广泛应用,生漆在多个领域的应用逐渐被其他材料替代,加之传统生漆应用产品缺乏创新,生活化产品开发不足,导致生漆产量减少,生漆产业发展陷入低谷。2020年9月,我国提出了"力争2030年前实现碳达峰,2060年前实现碳中和"这一应对气候变化的目标,为我国实现绿色低碳发展指明了方向。在大力发展绿色低碳产业、弘扬中华优秀传统文化以及实施乡村振兴战略的时代大背景下,化学涂料的生产与使用将逐步减少,生漆产业正焕发新生,迎来前所未有的新机遇。国内生漆产业持续升温带来生漆需求量增长,2022 年,我国生漆年产量约 2 万 t,年综合产值达 200 多亿元。国内生漆需求的增长也导致生漆进口量激增,2022 年,中国生漆行业进口量达到 528.6t,进口金额为 418 万美元。在进出口地区分布方面,国内生漆主要进口国为越南,主要出口国为德国,进出口数量占比均超过 99%,全国生漆产业发展态势良好。

2 湖北省发展生漆产业的基础和优势

首先,湖北省是我国生漆的主产区,其生漆产量长期位居全国前列。同时,湖北省位于世界优质漆树资源中心区域,适于漆树的生长,为中国生漆的主要产地。湖北省漆树种植遍布 8 个城市,尤以十堰的竹溪县和恩施的利川市最负盛名,两县市都是全国五大优质生漆产区之一,并且两地毗邻的鄂西北、鄂西南多个县市均适合种植漆树。

其次,古老的楚式漆艺是中华漆文明最辉煌的篇章,具有品牌基础。楚式漆艺被世界公认为漆器工艺的高峰,楚地出土的漆器占全国漆器出土量的 80% 以上。十堰、荆州、恩施、随州、襄阳等地素有漆艺传承基础,产生了很多国家级、省级、市级大师,并培育了"楚漆""坝漆""竹溪大木漆"等知名品牌。全国漆艺传承发展联盟经文化和旅游部批准,落户于荆州非遗传承工作站,旨在促进全国乃至世界漆艺行业的学术、技术等专业化交流。荆州文物保护中心是我国唯一的国家级漆器文物修复中心。楚式漆器传承绵延千年,民间匠人代代相传、薪火不断。

再次,湖北省拥有多所职业院校和普通高等院校,为生漆产业的发展提供了坚实的人才保障和智力支撑。武汉大学、武汉理工大学等曾经参与国家生漆质量标准的制定,设置了生漆材料应用研究专业或研究所,为中国当代漆科学的研究奠定了基础。华中农业大学、湖北民族大学等开设了生漆种植研究专业,湖北美术学院、中南民族大学、江汉大学等也开设了漆艺相关专业方向,培养了一批漆艺设计制作人才。这些院校充分发挥资源优势,深化与政府、企业的交流合作,将生漆产业与现代科技、艺术设计相结合,助推产学研用一体化,有力促进了湖北省生漆产业的高质量发展。

3 湖北省生漆产业发展存在的问题

一是存在技术瓶颈,生漆采集效率低。目前生漆的采集仍以传统刀割法为主,效率较低且劳动强度大,导致生漆采集成本高。漆树种植和生漆采割技术的标准化程度较低,品质控制难度大,影响了生漆的市场竞争力。

二是生漆企业规模普遍偏小,缺乏大规模的龙头企业。湖北省生漆企业数量较少,且缺乏龙头企业,生漆行业标准制定滞后,缺乏专业监管,市场上掺假现象普遍,影响了生漆行业健康发展。目前,竹溪县共有生漆企业13家、合作社53家,但规模普遍偏小,缺乏大规模的龙头企业。

三是未形成完整的加工产业链,高端产品竞争乏力。目前湖北省生漆企业还处于发展阶段,多数企业缺少生漆深加工和精加工项目,未形成完整的加工产业链,产品附加值低。此外,生漆产业在高端产品研发方面投入不足,存在较多"借鉴"和"模仿"现象,缺乏自主创新和核心竞争力,导致高端产品在国际市场上的竞争力较弱,难以满足高端市场的需求。

四是技艺失传现象普遍,市场亟缺产业人才。生漆产业涉及种植、采割、加工、漆艺等多个环节,需要大量专业人才。然而,目前行业面临人才短缺问题,尤其是年轻劳动力不愿意从事漆树种植和采割工作。此外,漆艺传承和创新需要专业人才,但相关专业教育和培训体系尚不完善,制约了生漆产业的进一步发展。

4 湖北省生漆产业发展的政策建议

第一,加强湖北省生漆产业发展的顶层设计。编制《湖北省生漆产业"十五五"发展规划》,设立省级生漆产业发展领导小组办公室,由省林业局牵头,省发展和改革委员会、农业农村厅、乡村振兴局、文化和旅游厅、经济和信息化厅、人力资源和社会保障厅等部门积极参与,协同推进湖北省生漆产业高质量发展。同时,完善湖北生漆标准体系建设,最终推动国家制定符合时代需求的生漆行业标准,引领生漆行业健康可持续发展。

第二,开展全省漆树资源普查,加强漆树基地建设与管理。全面开展湖北省漆树资源调查,掌握漆树品种的特征与分布区域。制定《加快推进生漆产业发展的实施意见》,将生漆纳入湖北省重点林业特色产业范畴,并给予相应的支持,将项目资金和专项贷款向生漆产业倾斜。参照茶叶、油茶产业等奖补政策,出台面向全省的漆树种植等补贴政策,提高补贴标准,鼓励鄂西北(如十堰的竹溪、竹山、房县、郧西,以及襄阳的保康、南漳等地)、鄂西南(如恩施的利川、来凤、巴东、建始,以及宜昌等地)等适宜区域进行规模化、集约化种植。

第三,改进采集技术,提升生漆采集效率。加大对生漆采集技术的研发投入,推广机械化、自动化采集设备,减少人工劳动强度,提高采集效率。制定漆树种植和生漆采割的技术标准,加强品质控制,提升生漆的市场竞争力。加强与高校、科研机构的合作,建立产学研用紧密结合的技术创新体系,突破生漆加工的技术瓶颈。

第四,培育龙头企业,加强高端产品研发,提高市场竞争力。在项目融资、科研攻关、人才培养、品牌推广、消费引领等方面,加大对龙头企业的支持力度。大力支持生漆企业重点项目建设,包括生漆产业孵化基地、生漆产业园、生漆资源交易中心、生漆主题文旅康养项目等建设。由省林业局牵头组建湖北省生漆产业智库平台,聚集相关专家人才,围绕湖北省生漆产业发展中存在的突出问题,深入开展前瞻性、战略性、创新性研究,破解行业发展瓶颈,引导生漆产业创新高质量发展。加大湖北生漆品牌宣传力度,树立"楚漆""坝漆""竹溪大木漆"等知名生漆品牌的高端国际形象。支持楚式漆艺传承和创新设计,加大对湖北省生漆新兴品牌的培育,构建富有市场竞争力的产业生态体系。优先支持基础良好、地方政府重视、市场主体活跃的地区发展相关产业,特别是大力支持竹溪县"中国漆谷"建设及利川市生漆产业大发展。发挥试点示范带动作用,以点带面,实现湖北生漆产业跨越式发展。

第五,完善产业链。组建生漆科研中心,聚焦未来具备高附加值和可规模化的应用领域,开展创新研发,不断提升湖北省生漆产品的科技含量和竞争力。推动生漆产业从"低附加值农业及初级加工业"向"高附加值文创产业和科技产业"转型,助力湖北从"生漆原料产地"跃升为"产业创新策源地",实现湖北生漆产业的"换芯"升级。鼓励企业向深加工和精加工领域拓展,延长产业链,提高产品附加值。推动生漆行业标准的制定与完善,加强专业监管,打击市场掺假行为。

第六,加强人才培养与技艺传承。完善教育与培训体系,加强与普通高校、职业院校的合作,开设生漆种植、漆艺等相关专业课程,培养专业人才。通过举办漆艺培训班、工作坊等方式,传承和创新漆艺技艺,吸引年轻一代参与。建立激励机制,为漆艺传承人和从业者提供政策支持和经济激励,鼓励他们将传统技艺与现代设计相结合。

参考文献

黄玉,2015.恩施州坝漆产业发展现状及对策研究[J].湖北林业科技,44(5):61-65.

李焱,2021.孔子、儒家与漆文化[M].北京:新华出版社.

穆晨曦,2022.当代艺术视角下空间设计中漆文化应用[J].建筑结构,52(19):172.

瑞雪,2015.关于传承生漆文化、支持生漆产业加快发展的政协提案[J].中国生漆,34(2):47.

山村慎哉,李逸琰,2018.浅析日本漆文化[J].中国生漆,37(3):26-28.

魏文辉,2018.论中国漆文化遗产及开放式发展格局——以平遥漆器为例[J].文物世界(4):33-35.

许奋,张乐,2017.湖北恩施传统漆艺的传承与发展述略[J].湖北美术学院学报(4):84-87.

曾维权,毛昌勇,李明友,2013.坝漆产业再发展[J].中国生漆,32(3):41-43.

张启彬,2017.湖北战国楚地漆器造型艺术及工艺[J].内蒙古大学艺术学院学报,14(1):104-108.

林业生态文明建设与绿色高质量发展研究

十堰市生漆产业发展调研报告

邓宏兵[1]，康文双[1]，周忠诚[2,4]，杨志斌[3]，何祥伟[1]

（1.中国地质大学（武汉）经济管理学院，湖北武汉，430074；
2.湖北省林业经济学会，湖北武汉，430079；
3.湖北省林业科学研究院，湖北武汉，430075；
4.湖北生态工程职业技术学院，湖北武汉，430200）

摘　要：十堰市作为全国五大优质生漆产区之一，具有丰富的漆树资源和良好的产业基础。本报告分析了十堰市的漆树资源、产业发展、政策支持、基础设施、实践示范等总体情况，揭示了漆树种植面积小、缺乏龙头企业、产业链不完善、文化传承形式严峻等问题，建议从省级层面加强顶层设计、开展漆树资源普查、完善基础设施、培育市场主体、加快三产融合、传承生漆文化、加强校企合作、打造"中国漆谷"。

关键词：生漆产业；十堰市；存在问题；政策支持

生漆产业是湖北省特色林业产业，具有悠久的历史和深厚的文化底蕴。为了解湖北省生漆产业的发展现状，为制定有关产业发展政策提供依据，2024年7月，我们对十堰市生漆产业发展进行了专题调研。

1　十堰市生漆发展总体情况

1.1　漆树资源

十堰市栽植漆树历史悠久，是全国五大优质生漆产区之一，具有适宜发展的自然条件。十堰市地处秦巴山区,是我国漆树分布的中心区域,其下辖的竹溪县、竹山县、房县、郧西县等地气候条件都适宜于漆树的生长。此外,十堰市海拔在600~1500m之间的土地资源广阔,为漆树种植提供了充足的土地保障。十堰市拥有丰富的野生漆树资源,特别是在竹溪县的蒋家堰、中峰、水坪、县河、新洲、兵营、天宝、鄂坪、汇湾、泉溪、丰溪这11个乡镇,现已拥有近万亩可直接进行采割的片林和散生植株。1972年,十堰市房县成立了以生产、经营、保护漆树资源为主的西蒿漆国有林场。该林场漆树于2020年被纳入第一批省级林木种质资源库。西蒿漆国有林场主要树种有漆树、日本落叶松、栎类、杉等,优势树种是野生漆树,面积达8000亩,且有2000亩为集中连片区域。目前,种植有大木漆、小木漆、高八尺、野毛漆4个品种的漆树。竹溪县的大木漆作为十堰市特有的优质品种,具有速生、高产、优质、抗逆性及适应性强、经济价值高等特性,是"中国五大名漆"之一。截至2024年7月,十堰全市漆树种植面积为144 430亩,其中集中成片的漆树种植面积达91 810亩,散生漆树种植面积达52 620亩。竹溪县漆树基地规模达13万亩,其中散生分布老漆树4万亩,新建漆树基地面积9万亩,品种以大毛叶、大红袍、高八尺为主。因此,十堰市凭借优质的漆树品种和一定规模的漆树基地,具备了发展生漆产业的良好基础。

1.2 生漆产业发展现状

十堰市发展生漆产业的历史悠久,拥有种植漆树的优良传统,底蕴深厚,漆器制作工艺也相当成熟。近年来,随着生漆价格上涨,加上政策引导,生漆产业得到了大力发展,生漆年产量为375.3t,年产值为9 936.9万元。竹溪县充分利用良好的生态环境资源,提出了"振兴竹溪生漆产业"的口号,已建成13万亩的漆树基地,吸引了13家企业、53个合作社参与其中,惠及3500户农户。该地还打造了一系列标杆项目,如竹溪国际漆艺村、生漆应用科研院及亚洲第一座生漆博物馆,并孕育了"金漆世家"等具有悠久历史和深厚文化底蕴的文创品牌。这些品牌制作的漆器工艺品种类丰富,包括大漆手镯、漆珠手串等饰品,以及大漆茶杯、大漆碗筷、大漆茶盘等日常用品,以其华美与实用性兼备的特点深受市场欢迎。

2023年5月,由十堰市承办的第三届生漆科学与漆艺传承研讨会暨漆树产业国家创新联盟2023年年会在竹溪县顺利召开。会上,"绿宇风华·漆风蝶变——生漆产业助力乡村振兴战略"的经验做法得到了国家林业和草原局及漆树产业国家创新联盟的联合推广，有效提升了品牌影响力。此外，竹溪县还大力"招才引智"，分别与湖北工业职业技术学院、北京市西城区非物质文化遗产展示中心、荆州传统工艺工作站、中华全国供销总社西安生漆涂料研究所等单位签订了战略合作协议，依托智库优势，集合全国大漆专家，定期开展相关合作交流活动，开展漆艺人才研修培训，成功举办了"竹溪县生漆循环产业研讨会""振兴湖北大漆产业专家巡讲活动"和"中国漆科技创新与产业发展专家座谈会"，初步形成了涵盖漆树种植、生漆加工、漆艺术品创作、漆产品及其衍生品销售为一体的产业生态链，为全省生漆产业的发展提供了实践样本。

十堰市张湾区柏林镇鲍花村一直保留着种植漆树的传统，近年来在政府的引导帮扶下已经具有一定规模，种植漆树已成为当地百姓致富的重要途径之一。湖北人文漆道文化有限公司最早创立于十堰市张湾区，后发展为中漆文化产业有限公司，旗下拥有4家子公司，业务涵盖漆树种植、科研、加工、服务贸易、文化旅游等领域，是目前国内大漆行业唯一一家具有顶层战略规划并打通全产业链的企业。该公司经过7年多的深耕实践，现已建成500多亩优质漆树基地。在相关政策的积极推动下，十堰市在漆树种植及生漆采集、加工、销售等环节均有相应规划和具体措施，形成了完整的产业链。

1.3 政策支持

随着化工业的发展，化学涂料广泛取代了生漆，导致生漆产业效益下滑。山区农民因此逐渐压缩了生漆的生产和经营规模。市场需求的变化使得十堰市生漆产业发展陷入低谷。2017年，中共中央办公厅、国务院办公厅印发《关于实施中华优秀传统文化传承发展工程的意见》；同年3月，文化和旅游部、工业和信息化部、财政部共同印发《中国传统工艺振兴计划》；2020年，国家林业和草原局明确将漆树纳入国家战略储备林树种。这一系列举措使我国生漆产业发展持续升温，市场需求从20世纪90年代末触底反弹，开始呈现上升的态势。

在我国大力弘扬中华优秀传统文化、实施乡村振兴战略的时代大背景下，生漆产业正焕发新生，迎来前所未有的新机遇。对此，湖北省十堰市出台了一系列政策支持生漆产业发展。2021年5月，十堰市结合资源禀赋和区位特色，出台《关于培育壮大农业产业化龙头企业的意见》，提出围绕茶叶、食用菌、生猪、水

中篇　专题报告:"两山"理念实践案例

果、黄酒、木本油料六大重点农业产业链建设,培育龙头企业,力争到2025年,全市木本油料生产基地达150万亩,综合产值达60亿元,实现以农业产业化助推县域经济高质量发展,为全面实施乡村振兴战略奠定坚实基础。十堰市将生漆纳入到木本油料建设范畴,实行"链长"负责制和相关各部门协同推进的工作机制;制定印发了《十堰市木本油料产业五年行动计划(2021—2025)》《十堰市木本油料产业链2021年度工作方案》及《十堰木本油料产业链2024年度工作要点》,明确建设任务和目标。此外,当地林业部门还将漆树基地建设纳入国家退耕还林、长防林造林、天保封山育林、森林抚育等项目及林业贴息建设范畴并予以支持。

作为"中国生漆之乡"的十堰市竹溪县也高度重视生漆产业的发展,将生漆产业定为县域经济的支柱产业,成立了生漆产业发展领导小组。2017年以来,竹溪县先后研究制定了《关于加快推进生漆产业发展的实施意见》《竹溪县生漆产业发展规划》《竹溪县生漆产业示范基地建设奖扶办法》等一系列产业政策和发展规划,以生漆产业建设助推精准脱贫为抓手,以农民致富增收为目标,大力实施漆树造林,鼓励市场主体和农民广泛参与生漆产业发展。2022年,竹溪县印发了《竹溪县2022年度巩固拓展脱贫攻坚成果与乡村振兴有效衔接产业发展扶持意见》,支持漆树基地管护,要求严格按照审批规划,对2017—2019年建设的漆树基地进行规范化管理,对于规模达到100亩的基地,经验收合格后,给予200元/亩的奖补扶持。同时,该意见还鼓励龙头企业建设生漆及漆艺产品交易市场。此外,竹溪县出台政策,为每亩漆树林提供1400元的补助,吸引了彭涛、方孝安、刘必要等外出创业成功人士返乡种植漆树。房县西蒿漆林场也积极争取省级漆树种质资源库项目的支持,以促进生漆产业的发展。市级财政则每年从木本油料产业链资金中划拨一定金额,对生漆产业建设进行奖补。

在人才培养方面,教育部门积极推动竹溪县职业技术学校以作物生产技术专业为基础,结合竹溪生漆产业特色建设实训基地,吸引高校来此开展实习实训活动。为强化服务"三农"能力,由十堰市科技学校牵头,联合市、县两级农业农村部门、科研院所、涉农职业学校、行业协会、农业龙头企业及农业经营主体等,组成公益性的农科教联合体,成立了十堰市农业职业教育集团。该集团通过组织专家为竹溪生漆产业提供专业指导,为推动产业高质量发展积极出谋划策。

1.4 基础设施

十堰是水电强市,水资源丰富,总量达386.66亿 m^3。在水能资源开发利用方面,全市已建成各类水电站248处,水电总装机规模达到337万kW。在电力资源方面,十堰市大力推进智慧能源建设,加快十堰至卧龙500kV输电线路工程的建设,并启动第二座500kV变电站的建设,全面优化原十堰东汽电网,确保全市每个乡镇至少有一座35kV及以上的变(配)电站,显著提升了城乡电网的供电能力和可靠性。此外,十堰市还大力发展高速铁路和智慧交通,加快建设十堰至西安高铁,推进十堰至宜昌高铁的建设,并加快了十巫(十堰经镇坪至巫溪)、十淅(十堰至淅川)高速公路等智慧交通项目的建设,提升了"人、车、路、云计算平台"融合协同能力,改善了交通条件,使得生漆产品能够更便捷地运往市场。十堰市竹溪县建立了亚洲第一个以生漆为主题的博物馆——竹溪生漆博物馆,以及漆文化创意产业园,为生漆产业的传承和发展搭建了良好的平台。因此,十堰市的基础设施建设为生漆产业的发展提供了坚实的基础,水资源的保护与利用、电力供应的稳定保障、交通条件的显著改善及生漆产业专门设施的建设,共同促进了十堰市生漆产业的蓬勃发展和当地经济的繁荣。

1.5 实践示范

十堰市是漆树的传统产区,振兴发展生漆产业既有技术基础又有产业优势。近年来,竹溪县、房县等地漆树种植逐渐兴起,种植规模持续扩大,同时积极弘扬漆文化、培养产业人才、培育龙头企业,形成了良好的示范典型。

1.5.1 竹溪县

竹溪县曾是十堰市生漆集中产地,也是全国主要的生漆出口基地之一,其生漆产品曾作为该县主打出口产品远销多国。漆树在竹溪县的栽培历史悠久,1954年至1957年间,竹溪县栽植了4万亩漆树,年出口生漆量达到63t,因此被列为"全国出口生漆基地县",并获得"优质漆先进县"和"中国生漆之乡"的美誉。1976年4月,全国生漆工作会议在竹溪召开,进一步激发了农民发展生漆产业的热情。1978年,在全国生漆工作会议上,竹溪获评"全国生漆主产县"。1983年,竹溪县约有16万亩天然漆林和人工漆林,成为全国漆树群体最大、密集度最高、资源最多的县。1979年3月,竹溪县成立了生漆科学研究所,多项研究项目获得省科技成果三等奖和商业部科技成果四等奖。1987年,中国科学院林业化学工业研究所专门在竹溪开展了"浅色生漆研制与应用"的科研项目,并成立了全国首个"生漆科技协会"。1988年,中国商业出版社出版的《土产商品知识》一书将竹溪大木漆收录其中。1989年,天宝取宝洞万亩漆场被湖北省对外贸易厅命名为"湖北省竹溪县万亩生漆基地"。

1. 漆树资源

竹溪县具有适宜的自然条件,适宜漆树生长。竹溪县年平均气温13～16℃,年降水量920～970mm,年无霜期230～250d,海拔在600～1500m之间的土地资源广阔,为漆树种植提供了充足的土地保障。经过长期自然选择和人工栽培,竹溪县的漆树除天然野生外,还培育出了大木漆和小木漆两个品种。其中,大木漆约占全县漆树种植面积的75%,小木漆约占全县漆树种植面积的25%,主要分布在蒋家堰、中峰、水坪、县河、新洲、兵营、天宝、鄂坪、汇湾、泉溪、丰溪这11个乡镇,目前主要采割面积约2.5万亩,生漆年产量达300t,产值为7521.9万元。

2. 发展现状

竹溪县积极推进漆树基地建设,大力发展生漆产业。当地在保留天然野生漆树林(长期依靠自然繁育)的基础上,结合实施天然林保护、退耕还林、精准灭荒等政策,同步引导创业成功人士和农林业专业合作社种植漆树,通过"自然保育+人工培育"双轨模式持续扩大漆树基地规模。目前,竹溪县共有53个合作社、13家企业从事生漆产业建设,漆树种植面积达13万亩,15个乡镇把发展生漆产业写入产业发展总体规划。2018年4月25日,竹溪县建成亚洲第一个以生漆为主题的博物馆——竹溪生漆博物馆,总面积达1200m^2,设有展示区和工作区,收藏漆器100多件。同时,以竹溪生漆博物馆为中心向四周辐射,建设集研发、孵化、展示、创意、文化交流于一体的竹溪国际漆艺村。该村兼具产学研示范基地的功能,成为竹溪发展生漆产业的试验田和发动机。竹溪县还积极与高等院校建立战略合作关系,为学校提供校外实训基地,为教师和学生提供工作室,以竹溪悠久的漆文化和产漆制漆的传统为基础,结合现代工业设计,着力构建生漆与现代生活相结合的漆艺生活美学。在人才培育方面,2018年7月,竹溪县选派17名生漆合作社社员、大木漆传承人、漆艺从业人员赴长江艺术工程职业学院学习。2018年11月,竹溪县派出3名漆艺传承人赴清华大学学习漆艺相关知识。通过一系列培训,在漆树种植、生漆加工、漆艺创作等方面储备人才,夯实生漆产业复兴基础。2021年,竹溪县举办首届"中国(竹溪)生漆与漆工艺人才培养研修班",充分利用"大师名家授课＋理论实操培养"的灵活方式,注重理论知识并结合实际操作,培养生漆工匠。作为竹溪"金漆世家"漆艺非遗第四代传承人的张晓莲,开设"漆艺工作室",先后获得11项专利,常年跟随她学习的漆艺传承人有30多名。此外,竹溪县加强科技投入,推动生漆产业快速、高质量发展。清华大学、长江艺术工程职业学院等院校的专家为竹溪生漆产业"把脉问诊",四川美术学院手工艺术学院教授郑川等10余位生漆专家为重振竹溪生漆产业出谋划策。湖北原生国漆文化交流有限责任公司投入300万元,在竹溪县种植漆林500亩,打造"规范种植＋标准采割＋套种增值＋人才养成＋文化提升"的非遗扶贫产业模式,为竹溪县漆树种植提供了可持续、可复制、可推广的标准化案例。

3. 产业链延伸

为延长生漆产业链,竹溪县积极培育市场主体,吸引大量外出创业成功人士返乡种植漆树、成立公司,促进生漆产业高质量发展。

2015年,湖北继古雯风(竹溪漆艺文创中心)成立,开始大规模种植漆树,累积已达6000多亩,辐射了2个乡镇、7个村。该公司致力于漆树的规模化种植与生漆生产,积极打造集漆艺展览展示、漆艺收藏、艺术交流、漆艺沙龙及文创产品销售等功能于一体的综合艺术展示空间,同步建设漆艺工坊、漆艺大师工作室、生漆广场、生漆文化长廊等特色项目,并建立漆艺实践创业基地。

2017年,竹溪县返乡创业能人方孝安创立竹溪县大木漆生漆种植专业合作社,建成优质漆树基地26 000亩,种植漆树150万余棵。方孝安在县河镇建设了一个面积为2000m^2的生漆精加工车间,目前已调制中国红、薰衣草紫、甘草黄、粉红色等多种颜色的色漆,产品畅销全国。方孝安在天宝乡建立了一个世界漆树品种博览园,供全世界漆树专家研究使用;还建立了一个面积2000m^2的漆籽油加工车间和漆艺加工中心,惠及500余户农户。2017年,该合作社与西北农林科技大学就生漆采割、改性技术等方面达成合作,并签署战略合作协议;2018年与中华全国供销总社西安生漆涂料研究所就生漆良种培育、生漆喷涂技术等方面达成合作,并签署战略合作协议;2019年,借助文化和旅游部品牌项目"春雨工程"平台,与北京市西城区非物质文化遗产保护中心共同筹建"传统漆艺振兴大讲堂",邀请国家级工艺美术大师和非遗传承人文乾刚、殷秀云、武国芬、马宁、张乔等担任大讲堂的艺术指导,面向贫困地区开展技艺培训。2020年,合作社负责人作为课题组成员参加了北京市西城区非物质文化遗产展示中心开展的"中国漆籽油压榨技艺"研究课题及纪录片拍摄工作,目前已掌握中国代表性传统"漆籽油"压榨技艺及相关食用方法,并对湖北省"漆籽油"食用历史进行了挖掘,同时收集了珍贵资料。竹溪县大木漆生漆种植专业合作社是真正做到产学研一体化、打通全产业链的企业。

2020年,竹溪县"金漆世家"漆艺非物质文化遗产第四代传承人张晓莲建立了漆艺工作室,并注册"金漆世家"商标,将榫卯木艺、脱胎、镶嵌、髹涂、彩绘等传统手艺与当代生漆技艺融合,创建竹溪县群鑫生态林牧家庭农场和漆器工坊,为客户定制生漆家具及工艺品。此外,张晓莲还联合竹溪生漆博物馆、竹溪县生漆合作社及竹溪县各文旅企业共同拓宽生漆产业平台,形成了漆器制作文创体验、乡村旅居、漆艺培训等综合文旅项目,延长了生漆产业链。

1.5.2 房县

十堰市房县于1972年建立西蒿漆林场,林场经营总面积为17 678亩(其中国有林地17 678亩),活立木蓄积量101 711m³,森林覆盖率97.89%。林场划定生态公益林16 579.2万亩,其中国家级生态公益林3 389.8万亩,省级生态公益林13 189.4万亩。林场主要树种有漆树、日本落叶松、栎类、杉等,优势树种是野生漆树,面积达8000亩,其中2000亩为集中连片区域。西蒿漆林场的野生优质漆树资源丰富,目前生长状况良好,天然更新能力正常,林分质量较高。该林场是全国原生性漆树种质资源重要保存地。每年,林场都会组织工作人员对老漆树基地进行养护,并新栽植一批漆树,以进行资源的养护更新。目前,种植有大木漆、小木漆、高八尺、野毛漆4个漆树品种,主要分布在1300~1900m之间的龙池、顶坝、红藤洼等地。被确立为省级漆树种质资源原地保存库后,在市、县两级领导的高度重视下,房县西蒿漆林场依托漆树资源,在漆树种质资源就地保护、生长发育、栽培繁殖等方面展开了大量工作。目前,基本形成了漆树种质资源生存空间得到有效保障、优良种质资源得到较好发展的格局,为种质资源保存库建设奠定了基础。

2 十堰市生漆产业发展存在的问题

由于缺少省级层面的生漆产业专项发展规划,多部门联合参与程度较弱,缺少相关的政策设计和配套措施,十堰市生漆产业发展存在以下问题。

2.1 漆树种植面积小,漆树病虫害防治难

目前,十堰全市漆树种植面积为 144 430 亩,其中竹溪县就有 13 万亩。竹溪县漆树以天然林为主,鼎盛时期近 30 万亩,如今仅剩 13 万亩。2010 年,陕西省平利县漆树基地总面积为 40 万亩,已达到生产期的有 14.1 万亩,其中人工漆林 10.2 万亩,天然漆林 3.9 万亩,全县每年可生产优质生漆 560t 以上;截至 2021 年,湖北省恩施州漆树基地总面积已达 25.45 万亩,种植漆树 350 万株。相比于上述生漆传统产地,十堰市漆树基地规模较小。与此同时,漆树病虫害防治较难。危害漆树的害虫有多种,最主要的有漆树大黄叶甲、银杏大蚕蛾、缀叶丛螟等食叶害虫和天牛类蛀干害虫,常见的病害包括炭疽病、毛毡病等。食叶害虫的幼虫一般在每年 5—7 月对漆树造成轮番危害,可将叶片食光,影响漆树生长,或造成枝条乃至整株枯死。天牛类蛀干害虫主要危害衰弱和成年的漆树,其危害特点在于隐蔽性强、发生周期长,初期不易被发现,一旦发现,树木已濒临死亡。在对竹溪县县河镇方孝安漆树基地进行实地调研的过程中,发现死于病虫害的漆树较多,药物防治效果欠佳。

2.2 山区交通不便,生漆采集困难

十堰市地处秦巴山区,且漆树资源主要分布在海拔 600~1500m 之间的地带。山路崎岖,交通不便,给生漆的采集和运输带来了困难。此外,目前生漆采集都是用传统的刀割法,效率较低,且生漆采集劳动力紧缺,成本居高不下。

2.3 缺乏龙头企业,市场竞争力弱

竹溪县作为十堰市生漆产业的重要基地,拥有"中国生漆之乡"的美誉,但目前竹溪没有从事生漆种植、产品开发、工艺传承等方面的龙头企业,缺乏龙头企业的带动和投入。同时,严重缺乏种植、采收、深加工等方面的技术人才,导致一些基地建设不科学,管理不规范,经济效益不明显。生漆资源化利用不够,生漆多以原料形式销售或自用,产品开发力度不够,缺乏核心单品,市场竞争力弱。

2.4 产业链不完善,上下游协同不足

生漆产业是一个横跨第一、第二、第三产业且各产业链高度关联的大产业。目前十堰市生漆产业各个环节都比较弱,基地小而散,品牌知名度低,产品结构单一,产业链细而短,高附加值的漆艺文化挖掘利用不够,制约了生漆产业做大做强。十堰市漆树现存面积达144 430亩,但相较于其他地区而言,规模仍然较小。虽然十堰市有漆树种植基地和相关的加工企业,但在生漆的深加工、高附加值产品开发方面还有很大的提升空间。上下游企业之间协同不足,导致资源配置效率不高,难以形成有效的产业链集群效应。

2.5 文化传承形势严峻,文创饰品创新不足

生漆产业作为中国传统的手工业之一,已有数千年历史,承载着丰富的文化内涵和艺术价值。然而,随着现代工业技术和化学材料的广泛应用,生漆原产地限制、加工技术复杂及替代品的出现,使得生漆产业经济效益持续下滑;同时,由于对生漆文化的宣传推广不足,大众对生漆文化艺术缺乏价值认同,因此生漆文化逐渐衰退,并引发恶性循环,传统生漆工艺面临着断代风险,文化传承形势严峻。十堰市作为传统生漆主产区,在漆艺传承和保护方面也存在明显的短板。在已公布的五批国家级非物质文化遗产代表性项目名录中,漆艺类非遗项目有22个,十堰市无一上榜。湖北省省级非物质文化遗产代表性项目涉及漆艺的有荆州楚式漆器技艺、米凤县漆筷制作技艺、武汉国漆精制技艺、坝漆制作技艺、竹溪漆器赶漆技艺、襄阳牌匾髹饰技艺、恩施漆器髹饰技艺和潜江漆器髹饰技艺。

与此同时,目前在国内市场上,文创生漆产品样式和设计相对简单,缺乏新颖、时尚等特点,且价格不够亲民,忽略了现代年轻消费群体的需求和审美,缺少多元化、现代化的色彩及元素。竹溪"金漆世家"作为一家具有悠久历史和深厚文化底蕴的文创旅游品牌,其产品以家具、日常用品等为主,创新性不足,且缺乏生漆高端产品,难以创造更大的市场价值。

2.6 技艺失传现象普遍,市场亟缺产业人才

技术经验丰富的产业人才是生漆产品设计加工的关键。随着时间的推移和城镇化发展,受市场导向影响,传统漆器制作行业逐渐衰败,愿意从事传统手工艺制作的人员逐渐减少。同时,由于漆艺的复杂性和专业性,漆匠需要经过专业训练和长期培养才能获得丰富的制作经验和技艺,这一过程投入较大,周期较长,技术传承难度大,导致漆器产业人才短缺,从业人员逐渐减少。湖北继古雯风(竹溪漆艺文创中心)负责人指出,当前扩大企业规模所面临的问题之一就是年轻一代对传统工艺的兴趣和学习意愿不高,传承和培训成为制约生漆产业发展的瓶颈。

3 对策建议

发展生漆产业既是山区百姓长效致富的好路径,也是乡村振兴的重要抓手,利国利民,潜力无限。湖北发展生漆产业具有独特的资源优势、悠久的历史传承、深厚的文化底蕴和良好的产业基础。为了抢抓发展机遇,挖掘资源优势,完善产业规划,全面提升生漆产业发展水平,提出以下对策建议。

3.1 加强顶层设计,助力产业升级

从省级层面提高对发展生漆产业的重视和支持力度,由湖北省林业局牵头,多部门参与,跨部门、跨区域协调推进全省生漆全产业布局。将生漆产业作为湖北省乡村振兴的优先支持产业,纳入省"十五五"产业规划范畴。

3.2 开展全省漆树资源普查,加强漆树基地建设与管理

开展湖北省漆树资源(含野生散生漆树)全面普查,摸清湖北省漆树资源的数量、分布及品种特征,了解生漆的产量、质量和市场需求,结合国家生态修复工程,引导支持各地利用宜林地资源大力发展漆树种植。开展本土优良单株筛选工作,建设漆树良种苗木繁育基地,为基地建设提供优良种源。面对漆树病虫害,要积极培育有效防治病虫害的种苗,加强药物防治,了解常见的病虫害种类及产生的原因,及时清理患有病虫害的种苗,做好种苗繁育后的各环节控制工作。

3.3 加大政策支持,完善基础设施

积极争取国家层面的政策支持,将漆树纳入战略储备林树种和重点林业产业范畴,予以支持发展,并将项目资金和专项贷款向生漆产业倾斜。十堰市及各县市要尽快出台支持生漆产业发展的相关政策,科学编制生漆产业发展规划,加大对"大木漆""生漆之乡"的品牌挖掘和推广力度,推动生漆产业文化旅游与生态康养有机融合。出台漆树种植补贴政策,提高补贴标准,有效利用荒草坡地资源,鼓励在适种区域进行规模化、集约化种植;加大对生漆产业在科研、人才培养等领域的投入和支持力度,培育重点龙头企业。完善生漆产业基础设施,投资建设通往漆树基地的山路,提高道路质量,确保运输车辆可以安全、高效地到达基地,提高生漆采集的效率,降低成本。

3.4 培育市场主体,提高产业竞争力

积极培育跨地区经营、产供销一体化的生漆产业龙头企业,鼓励企业联合、兼并和重组,加大对龙头企业技术改造、基地建设、新产品开发等的支持力度,提升品牌形象和产品质量,支持龙头企业做大做强,实现规模经济和范围经济。推广"企业＋专业合作组织＋基地＋农户"的产业化经营模式,实现标准化、专业化种植,通过整合上下游资源,形成产业链协同效应,提高整个产业链的竞争力。通过扶持引导或实施奖补政策,鼓励企业抱团发展,不断提高质量标准,更大力

度地推动生漆产业产能升级、结构升级、品牌升级,培育壮大龙头企业,打造知名品牌,促进产业高质量发展。

3.5 加快三产融合,推动全产业链发展

大力支持漆树种植基地,持续种植优良漆树品种,打造一批示范基地,为生漆产业链提供最基本、最重要的原料供应保障。紧盯市场需求,顺应市场导向,坚持走政策引导、市场主体主抓、科技支撑完备的产业发展道路。加快推进全产业链建设,搭建产业发展平台,通过体制机制创新、市场主体培育壮大、生产要素集聚和文化品牌推广,激活生漆艺术、文化旅游、保健食品等多功能、新业态,真正形成富有活力、具有竞争性和可持续发展的全产业链,推进产业规模化。

3.6 传承生漆文化,创新时尚设计

十堰市及各县要深度挖掘秦巴山区生漆文化,政府可与高校、推广机构等单位合作,做优竹溪生漆博物馆、竹溪国际漆艺村、漆技艺展示馆等平台。通过陈列工具、材料、产品等展示生漆产业的历史变迁、发展现状和未来趋势,有效推广生漆技艺,宣传漆文化,重点发展生漆主题文旅产业。通过调研消费者个人喜好及实际需求,针对现代青年群体,改进现有生产方法和产品特性,注重产品个性化、时尚化设计,推出更符合消费者需求的创意产品。调整生漆产品价格策略,根据市场需求和消费能力,调整产品价格,推出不同材质、功能、风格、价位的产品,既让大众接受,又保证品质和利润。

3.7 加强校企合作,培育产业人才

出台相关政策,鼓励职业院校开设生漆产业相关专业,合理设置专业课程,校企共同制定人才培养计划,培养更多适合生漆产业建设发展的专业人才,满足生漆市场对人才的需求。支持生漆产业链各企业为学生提供更多实习、实训等机会,吸引优秀毕业生源源不断从事生漆产业。引进海外有志人才,吸收外来经验技术,推动生漆产业创新发展。加强人文关怀,通过创建良好工作环境、建立有效沟通机制、提高福利待遇,以及开展公司团建、定期举办培训等活动,进一步

提升员工能力素质,打通员工职业上升通道,提高员工满意度和归属感,减少人才流失。

3.8 打造"中国漆谷",实施品牌战略

竹溪是中国"生漆之乡",具有发展生漆产业的自然条件和产业基础。要充分发挥竹溪县的生漆资源优势,培育壮大漆树基地,辐射相关配套产业,变资源优势为产业优势。要建立一个强有力的组织领导机构,建设一批生漆产业基地,出台一系列支持发展政策,培育一批生漆产业链上下游骨干企业,招揽一批生漆专业人才,构建一个辐射全国的产学研技术中心,建设一个全国最大的生漆交易市场,打造一个以生漆为主题的康养旅居胜地,培育一个全国著名的地标性生漆产业品牌,制定一个竹溪生漆系列产品的标准,建成一个有影响力的乡村振兴先行引领示范区,申报一个国家级生漆非遗项目,申报一批纳入国家项目库的生漆产业储备项目,全域动员、全面发力,全力支持打造"中国漆谷"。

参考文献

黄晨阳,2015.古丝绸之路与中华国漆文化传播[J].中国生漆,34(3):30-34.

夏宇,孙文勇,2022.十堰市生漆产业发展分析[J].中国林业产业(6):74-75.

肖银山,2013.湖北利川漆树[J].中国生漆(4):54.

颜全己,杨军昌,2020.漆文化在古夜郎区域的传播[J].黔南民族师范学院学报,40(5):114-119.

张晓霞,陈顺和,2021.非遗"活态遗存"视角下历史街区漆文化产品的创生[J].四川戏剧(4):65-68.

周白韬,2022.由河姆渡朱漆木碗看对中国漆文化的影响[J].中国生漆,41(1):22-25.

林业生态文明建设与绿色高质量发展研究

"中国漆谷"战略构想与规划

杨红军[1],任政[2],黄伟[1]

(1. 湖北省中国漆文化研究会,湖北武汉,430019;
2. 湖北工业职业技术学院艺术设计学院,湖北十堰,442000)

摘　要:生漆作为天然涂料,兼具经济、生态与文化价值,具有广阔的发展前景。中国作为漆文化的发源地,其生漆产业历经兴衰变迁。近年来,在政策与市场的双重驱动下,生漆市场不仅形成了庞大的规模,而且增长潜力显著。"中国漆谷"战略构想立足全球生漆产业发展格局,依托湖北竹溪县丰富的生漆资源、深厚的文化底蕴及产业基础,规划漆树种植、生漆加工、漆艺创作、文化旅游等一体化产业布局,旨在打造中国漆文化科技产业基地,建设具有国际影响力的中国生漆产业中枢。为了推动"中国漆谷"战略的顺利实施,竹溪县将通过政策支持、用地规划、基础配套、人才引进、组织保障和资金投入等措施,助力湖北成为全球生漆产业高地,推动中国漆文化复兴。

关键词:中国漆谷;生漆产业;产业规划

1 "中国漆谷"建设背景和意义

1.1 全球生漆产业发展前景广阔

漆树为漆树科漆树属的落叶乔木,原产我国。全球漆树主要分布在亚洲,中国、韩国、越南、朝鲜、日本、缅甸等国均有漆树生长。漆树浑身都是宝,它是一种重要的经济树种,兼具漆脂、油料、药材、食品、饲料、化工原料和木材等多种用途。从漆树中采出的生漆被广泛应用于市政建设、化工、纺织、轻工、造船、机电、家具制造、工艺品制作及旅游产品开发等方面,漆树籽可用于榨油,漆树果可用于制蜡,漆树皮、根、叶均可入药,漆花可用于生产食品,漆木可做家具等。

生漆,俗称"大漆",又称"天然漆""土漆"或"国漆",泛称"中国漆",它是从漆树上采割的一种纯天然液体涂料。生漆,这一源自自然的神奇古老涂料,以其独特的耐久性和生态环保性,在全球范围内赢得了广泛的赞誉与应用。生漆具有防腐蚀、耐强酸、耐强碱、防潮、绝缘、耐高温等优异性能,享有世界公认的"涂料之王"美名。

从地域分布来看,生漆产业呈现出明显的地域性特征。中国是全球生漆的主要产地之一,特别是秦岭、大巴山、武夷山等地的山区,生漆资源丰富,采集和加工历史悠久。此外,越南也是生漆的重要出口国,其出产的生漆因品质优良、性能独特而深受国际市场青睐。

生漆承载着丰富的历史文化底蕴,以其美丽的外观,在历史的长河中留下了深刻的印记。生漆更是现代工业与艺术创作中不可或缺的材料,从古老的建筑到精美的家具,从传统的乐器到现代的工艺品,生漆以其卓越的品质赢得了世人的青睐。在日本、泰国等地,生漆被大量用于制作碗筷、家具及漆艺装饰品等,其独特的韵味和质感深受消费者喜爱。如今,在全球化的浪潮中,生漆产业正展现出前所未有的发展前景。

1.2 全国生漆产业发展态势良好

我国栽培漆树的历史可追溯到3000年以前,而应用生漆的历史则更早,可追溯到8000年以前。在人类历史长河中,我国劳动人民在漆树的栽培和利用方面积累了大量的宝贵经验。河姆渡遗址、跨湖桥遗址等考古发现证明,中国先民在新石器时代就已经用生漆髹涂器皿,并在持续不断的发展中形成了宝贵的非物质文化遗产,在中华文明史上留下了辉煌的篇章。大量出土实物和史料记载均表明,漆器是中国古代的一项重大技术发明。中国是漆文化的发源地,日本、韩国等国是中国漆文化的追随者。日本漆艺家大西长利在其著作《漆·亚洲血液》中提到,漆文化是亚洲全域内共享的一种极其古老且独特的文化,它深深扎根于人类心底,并孕育出丰富的情感体验与温暖的人文情怀。

漆器是中国古代在化学工艺及工艺美术方面的重要发明,是人类生活中兼具观赏性和实用性的工艺美术品,也是"中国传统四大手工艺品"之一、"丝绸之路"的重要产品之一、"中国三大传统艺术媒介"之一。漆器作为国粹,在东西方文化交流与贸易往来中具有持久的活力。新中国成立以来,漆器多次作为国礼赠送给外国首脑和友人,被世人誉为"东方艺术瑰宝",对世界影响深远。

新中国成立后,为发展经济、换取外汇,我国政府十分重视生漆产业的发展。从20世纪60年代初到80年代末,我国漆树人工造林面积逐年增加,同时加强了良种的选育与推广、资源的调查与保护、基础应用研究、技术人才培养及产业服务体系的建立等工作。中华全国供销合作总社西安生漆涂料研究所在20世纪70年代对全国20多个省份的500个县进行了漆树资源调查,确定了全国漆树品种超过80个,从中筛选出了40多个优良品种,并选育出了大红袍、高八尺、金州红、金州黄、阳冈大木、灯台小木等10多个特优品种。这一时期,全国人工种植的漆树累计超过5亿株,成林面积近400万亩。在全国生漆产量最高的年份,产量接近6000t。全国有161个县(市、州)将生漆作为大宗林特产品,其中竹溪(湖北)、利川(湖北)、平利(陕西)、岚皋(陕西)、城口(重庆)、酉阳(重庆)、平武(四川)、大方(贵州)、镇雄(云南)、怒江(云南)、城步(湖南)、龙山(湖南)、资源(广西)、金寨(安徽)、太湖(安徽)、诸暨(浙江)、建瓯(福建)等地资源量大,产漆量多。同时,竹溪大木漆、湖北坝漆(毛坝漆)、安康漆(金州漆)、城口漆、毕节漆(大方漆)、金寨漆因品质优良而畅销海内外。

到20世纪80年代后期,化工涂料因低成本、易施工等优势被广泛应用,逐步冲击并替代了大部分领域的生漆需求,加之传统生漆应用产品缺乏创新,生活化产品开发缺失,后续资源培育不足,导致生漆产量萎缩,全国生漆产量在最低谷时甚至不足300t。随着国家对生态环境保护的重视,传统漆器行业正在积极融合数字技术,使现代漆器在当代社会焕发出新的生机。受益于市场需求增长,中国生漆行业市场规模持续扩大。2022年,中国生漆行业市场规模约为75.59亿元,同比增长5.7%。预计未来,生漆市场价格仍将保持连续增长的趋势。

近年来,广大科技工作者和政府有关部门越来越重视生漆科研,围绕生漆独特性能的科技创新突飞猛进,尤其是在材料工程、精细化工、生物分离、智能制造等技术领域的结合应用方面。生漆正在被广泛应用于信息产业、航空航天、军工、精密仪器、海洋重防腐防污等高端涂装装备领域,甚至有望解决我国防腐涂层领域许多"卡脖子"的问题。此外,生漆以其优越的抗氧化活性、抑菌活性,逐步在生物医药、保健品、食品、美妆品等领域大显身手。科技的赋能使得传统的生漆行业在新时代重放光辉。生漆还是一个极具包容性的文化载体,可以通过"大漆+"模式跨界融合,延伸产业链条,衍生和带动文创、旅游、康养、教育、培训等服务业的发展。可以预见,在不久的将来,生漆产业市场规模将呈几何倍数增长。

1.3 "中国漆谷"建设时不我待

生漆产业横跨第一、第二、第三产业,产业链十分宽广,其所蕴含的经济价值、生态价值和文化价值正在被大力挖掘,正成为云南、贵州、四川、陕西等多个省区争相布局的万亿级产业。近年来,全国生漆传统产地纷纷行动起来。其中,陕西提出要建立生漆资源交易中心,得到国家有关部委认可,西北农林科技大学向国家林业和草原局申报创建了"漆树产业国家创新联盟";福州正在创建"中国脱胎漆艺之都",很多国礼都出自该市;湖北荆州提出要打造"漆器之都",文化和旅游部在荆州设立了传统工艺工作站;恩施坝漆更是名冠全球,2021年5月,坝漆制作技艺被列入国家级非物质文化遗产代表性项目名录。四川宜宾出台了《四川省宜宾市现代漆树产业发展总体规划》,规划到2025年该市建成100万亩漆树产业基地,其中以筠连县为核心区建设60万亩,高县、珙县、屏山县、宜宾县(今宜宾市叙州区)合计建设40万亩。筠连还建立了国家级漆树工程技术研究中心,大力开展生漆系列产品研发,并获得了"国家林业草原漆树工程技术研究中心"的授牌。

湖北作为中国漆艺术的重要发源地,发展生漆产业历史悠久,源远流长。楚式漆器是中华漆文明史上最辉煌的篇章,是被世界公认的漆器工艺高峰,许许多多的楚式漆器沿着"丝绸之路"走向全球。

近代汉口一直是全国生漆的集散中心和生漆出口贸易的重要基地(1935年我国生漆产量约5万担,汉口成交量约3.5万担,输出量约2万担)。汉口曾经生漆名贾商号云集(始创于1883年的"简启祥漆铺"和被誉为生漆大王的"湛裕太",其总部都设在汉口),生漆交易量和出口量一度占据全国70%以上。

湖北是我国重要的生漆产区之一,生漆产量始终位居全国前列。全国五大优质生漆产区中湖北就占了2个(恩施利川和十堰竹溪)。周恩来总理曾题赞"坝漆名冠全球",竹溪大木漆更是远销日本、韩国、东南亚等地。湖北发展生漆产业具备丰富的资源优势、悠久的历史传承、深厚的文化底蕴、突出的科教优势和独特的区位优势。

每三年一届的"湖北漆艺三年展"是行业公认漆艺最高级别的专业会展之一。此外,文化和旅游部在湖北荆州设立传统工艺工作站,支持弘扬并传承楚式漆艺等荆楚非遗工艺。湖北还有中国非物质文化遗产保护协会漆艺分会、湖北省中国漆文化研究会等行业组织,以及楚式漆艺、坝漆、竹溪大木漆、武汉国漆厂、竹溪生漆博物馆、竹溪国际漆艺村等知名品牌,可谓群星荟萃。

十堰市竹溪县在20世纪50年代就被列为全国生漆出口基地,1976年竹溪被国务院授予"中国生漆之乡"称号。近年来,竹溪始终把生漆产业作为脱贫产业和根植性产业加以发展,该县通过制定产业激励政策,引进龙头企业,已累计发展漆树种植13万余亩,现有生漆市场主体50多家。

竹溪县委、县政府高度重视生漆产业的发展,另有中漆科技(竹溪)有限公司等龙头企业在竹溪精心谋划、创新开拓,打下了坚实的基础。竹溪在生漆产业方面既具有资源优势、人文底蕴和产业基础,又具有市场主体、人才优势和政策保障。在全国众多生漆产区中,竹溪最具备成为全国生漆产业中心的潜质,建设"中国漆谷"更是时代赋予我们的历史机遇和使命。如果湖北省能够将生漆产业上升到省级战略加以重视和发展,把建设"中国漆谷"作为全省生漆产业发展的战略目标,必将助力湖北省在生漆产业领域发展成为全国第一。

世界漆文化源头在中国,中国生漆资源的中心在湖北。湖北省应该抢抓生漆产业复兴的历史性机遇,以时不我待的精神高举建设"中国漆谷"的旗帜,积极推动生漆产业技术创新和产业升级,为中国漆文化复兴和产业振兴贡献湖北力量。

2 "中国漆谷"建设总体规划与设计

2.1 指导思想与战略目标

2.1.1 指导思想

"中国漆谷"建设要坚持以习近平生态文明思想为指引,以培育新质生产力为导向,通过中国生漆产业的高质量发展,实现"两山"理念的双向转化,助力乡村振兴和农民增收,推动中国漆文化创造性转化和创新性发展,促进中国漆文化复兴和产业振兴。

2.1.2 战略目标

竹溪县是中国重要的生漆产区,被誉为"中国生漆之乡"。近年来,竹溪县依托丰富的生漆资源和深厚的文化底蕴,旨在规划建设竹溪中国漆文化科技产业基地(简称"武陵|中国漆谷""中国漆谷"或"漆谷")。

"中国漆谷"立足"中国生漆之乡"——竹溪,旨在建成中国漆文化科技基地和中国生漆产业聚集注地,形成特色鲜明的中国漆主题文旅首选目的地。

近期目标(2025—2030年):依托竹溪县城关镇和竹溪国际漆艺村,培植壮大产学研基地;加大生漆文化科技产业园、生漆资源交易平台建设力度,加大全球招商力度,形成生漆科研、设计、加工、产业孵化、研学、文旅、康养聚集区,到2030年形成产值100亿元的产业基地和特色旅游目的地。

中远期目标(2030—2040年):到2030年,将"中国漆谷"打造成具有国际影响力的中国生漆产业中枢,中国大漆行业的"景德镇",集中国生漆行业文化中心、研发中心、孵化中心、生漆资源交易中心、漆产品设计与创新中心于一体。结合全省生漆产业发展态势和格局,到2040年,使"中国漆谷"成为年产值2000亿元的产业基地和特色旅游及度假康养目的地。

2.2 空间布局与产业布局

2.2.1 空间布局

控制区:十堰市竹溪县全境,以及湖北省武汉市、恩施州、荆州市、襄阳市、宜昌市、神农架林区等相关地区。

规划区:竹溪县全境,以及十堰市张湾区、茅箭区、郧阳区、房县、竹山县、郧西县。

核心区:竹溪县境内。漆树种植区涵盖竹溪县天宝乡、兵营镇、县河镇、泉溪镇、汇湾镇、鄂坪乡、蒋家堰镇、新洲镇、丰溪镇;十堰市房县、竹山县、郧西县、郧阳区的部分乡镇;文化、科技及生产区落户在竹溪县城关镇;主题度假康养区包括竹溪县龙王垭茶文化旅游区、夯土小镇等地。

2.2.2 产业布局

"中国漆谷"在产业链布局上,涵盖了从漆树种植与科研、生漆加工与物流,到教育培训、文化创意、旅游康养等多元化环节,形成了一体化的全产业链格局。在规划上,依托各区域的生漆资源、产业基础和区位特点进行研判,形成"一核、三区、多支点"的产业布局。

一核：以建设中华漆祖博物馆、桼园美术馆等为核心，打造中华大漆人文祖庭。在此基础上，构建包括国际生漆科研平台、生漆产品质量检测中心、国际漆艺博览会、湖北漆艺三年展等在内的中国漆资源交易体系。同时，设立中国漆行业企业总部基地、中国漆生产加工企业聚集区。具体规划以十堰市竹溪县城关镇东风村6组450亩地块为核心区域，并涵盖周边区域，兼容竹溪县电子工业产业园、竹溪县蒋家堰镇漆艺产业园的功能与资源，打造集中国漆文化展示中心、科技研发高地及漆产品交易平台功能于一体的综合性区域。

三区：建设中国漆（竹溪大木漆）自然文化遗产保护区、竹溪中国漆文化科技产业园和竹溪国际漆艺村。

多支点：武当山国漆主题文旅康养区、房县西蒿国家级漆树种质资源库、武汉国漆产业推广中心（国漆文化体验中心、国际漆艺博览会）、恩施"坝漆"自然文化遗产保护区、荆州"楚式漆艺"传承发展基地。

2.3 战略重点与重大项目

2.3.1 战略重点

1. 大力发展漆树资源

目前生漆行业市场规模不大，其中最重要的原因是漆树种植规模有限，一旦实现规模化量产，就会造成资源紧缺。在生漆行业井喷发展到来之前，我们应该未雨绸缪。建议在省林业局的引导支持下，在全省漆树适种区域加大种植基地的建设力度，力争在全省新增漆树基地80万亩，使全省高标准漆树基地规模突破100万亩，成为全国漆树资源最丰富的省份，为"中国漆谷"建设发展提供坚实保障。

2. 设立交易平台

2020年，全国政协委员杨忠岐在全国政协会议上提出了《建议在中西部山区发展生漆产业，助力脱贫攻坚》的提案，受到全国政协领导及国家相关部门的高度重视。其中，该提案建议在西安设立国家天然漆交易中心，然而时至今日，国内还没有省份做成这件事。因此，湖北省抓紧抢先建设中国生漆资源交易中心尤为必要。中漆科技（竹溪）有限公司联合湖北楚商联合会、长江金融工程研究院(武汉)有限公司、光谷联合交易所等专业机构和知名专家进行反复研究论证后认为:湖北最具备发展生漆产业的条件和基础,汉口是中国近现代全国生漆集散交易中心和出口基地,在武汉实施生漆全产业链金融示范工程,申报创建"中国漆资源交易中心",对本地区生漆产业发展意义重大,我们应该快速成立筹备小组,开展相关工作,争取抢占市场先机,建成全国第一家。"中国漆资源交易中心"建设,有利于湖北抢占全国乃至全球漆产业发展战略制高点,解决省内漆树种植的市场和供应链融资等问题,带动全省漆树产区产业发展,促进产业升级,为乡村振兴发展释放新动能,为探索生漆产业整合发展、产融结合贡献"湖北模式"。

3. 积极推进科技创新

目前,全国只有一所从事生漆研究的科研院所——中华全国供销总社西安生漆涂料研究所,但由于体制机制束缚、市场敏感度不足等原因,其专业发展的深度与广度非常有限,难以适应生漆产业当下迅猛发展的态势和多层次的科技服务需求。生漆行业的升级和创新亟待一个能够不断创造新质生产力的综合型生漆科研平台。我们应该利用独特的生漆产业基础优势和科教人文优势,建设一个面向国际的开放性生漆高端科研平台,广泛联结科研院所、高等院校和权威专家,打通科研单位、智库机构、决策部门、企业之间的对接渠道,促进漆树种植技术、生漆材料技术发展与技术集成,以及产品开发和成果转化,创新生漆价值的实现路径,把我省生漆资源优势转化为发展优势和竞争优势,助力我省打造"中国漆谷",勇当中国大漆产业创新发展的领跑者。

4. 推进漆树文化传承与创新

庄子因崇尚自由而拒绝了楚威王的征召,仅担任过宋国地方的漆园吏,史称"漆园傲吏"。他在《庄子·人间世》中写道:"桂可食,故伐之;漆可用,故割之",这或许是史上最早记录人类采割利用大漆的文字资料。因此,后世尊称庄子为中华大漆人文始祖。竹溪县生漆龙头企业中漆科技(竹溪)有限公司注册了"漆园吏"品牌,有望将"中国漆谷"打造成中华大漆人文祖庭,占领全球大漆文化制高点。

5. 加强人才队伍建设

随着生漆行业持续升温,产业人才十分紧缺。"中国漆谷"应设立生漆产业学院,在政府的引导下,采取企业、院校和社会机构联合办学模式,联合武汉理工大学、湖北民族大学、湖北美术学院、湖北工业职业技术学院、竹溪县职业技术学校等相关院校,依托学院平台设立"院士博士工作站""漆艺研究院""设计中心""创客中心"等。学院主要承担人才培养、社会服务、科研合作、文化传承四大职能,培养大漆技术、设计、销售、运营、管理等各类专业人才。

2.3.2 重大项目

1. 第一产业方面

(1)建设"两区一库"。分别在十堰、恩施、房县建设中国漆(竹溪大木漆)自然文化遗产保护区、中国漆(坝漆)自然文化遗产保护区、房县西蒿国家级漆树种质资源库3个项目。采取"企业＋基地＋农户"的模式大力种植漆树,力争全省达到100万亩规模。中国漆(竹溪大木漆)自然文化遗产保护区:以竹溪县为中心带动周边县市,以大红袍、高八尺、大毛叶为主要品种,发展高标准漆树基地50万亩。中国漆(坝漆)自然文化遗产保护区:以利川市为中心带动周边市县,以阳刚大木为主要品种,发展高标准漆树基地50万亩。房县西蒿国家级漆树种质资源库:在房县依托西蒿漆国有林场,建设国家级漆树种质资源库,建设漆树植物科学研究基地、研学基地和康养基地。

(2)成立生漆专业合作总社。由龙头企业牵头,联合相关漆树种植主体,从资金、品牌、技术、人才、政策、市场订单(采取保底价订单收购)等各方面赋能,解决种植户的后顾之忧,使其专注于种植和管护、组织割漆等。提升基地专业化、精细化管护水平,提升生漆品质,大大降低生漆采割和初加工成本,不断提升本地生漆产品的性价比和市场竞争力。同时,帮助有条件的漆树种植主体增加林下经济、主题研学、乡村旅游、森林康养等衍生收益。

(3)打造生漆全价值链服务平台。一是为广大种植户提供一系列专业服务,包括基地规划、良种苗木供应、示范种植指导、人才培养、科学管护建议、病虫害防治、专业割漆服务等,实现种植、采割、加工的标准化、规模化和溯源管理;二是以"公司＋村集体＋农户"模式,牵头带动村集体和农户利用闲散山坡地种植漆树,真正带动产业惠民;三是引导林下套种、生漆初级加工、漆食材加工(漆籽油、漆树叶、漆树菌)、中药保健品加工等;四是组织生漆统购统销、申报项目、申请奖补、申请碳汇、生产物资供应等。

2. 第二产业方面

参考景德镇三宝国际陶艺村的成功模式,在竹溪建设生漆文化科技产业园。产业园总规划面积450亩,集精制漆加工生产、漆工业产品生产、漆艺展示、研发创新、文创产品开发、文化交流及商业服务于一体，吸引国内头部企业入驻，迅速在本地区形成产业聚集，并推动产业上规模。目前拟入园项目有：中漆科技总部项目、3000t 生漆精细化加工项目、"竹桼"项目、云簬漆人文空间系统项目等。项目总投资约 10 亿元，项目建成达产后综合产值将超过 50 亿元。

（1）3000t 生漆精细化加工项目。本项目主要开发生产"简启祥漆铺"牌（品牌始创于 1883 年的百年老字号）系列生漆生态涂料，包含生漆改性防腐涂料生产线、生漆精制涂料生产线、国漆髹饰技艺传承保护体验馆等。它以竹溪县中漆生漆应用科研院有限责任公司为平台，汇集全国生漆材料应用科研专家、制漆专家，针对舰艇应用（如淡水箱、油箱、壳体的涂装）、海水养殖、酿造行业、应急消防、文物古建筑修复、家居装饰、工艺品髹饰等具有大规模刚性需求的领域展开技术攻关，组织规模化生产。本项目总投资约 5000 万元，达产后预计年产值约 10 亿元。

（2）"竹桼"项目。依托竹溪县丰富的竹＋生漆的文化和资源优势，引进国内竹工艺品加工的龙头企业——喜竹科技，凭借该企业在竹制品加工领域的核心技术和市场资源，在"中国漆谷"建设发展"竹子＋生漆"项目。本项目旨在将中华千年竹文化和漆文化紧密融合，让非遗竹制手工艺与乡村富余劳动力共同创造的产品融入当代生活。本项目专注于生产销售"竹工艺品＋大漆工艺"系列茶席产品，独创"竹桼"IP，并采取"线上直播矩阵（视频内容创作）＋线下体验式"营销模式，致力于打造全球竹＋漆文创领导品牌。项目总投资约 4000 万元，项目达产后预计年产值超过 1 亿元。

3. 第三产业方面

（1）竹溪国际漆艺村项目。本项目依托竹溪县龙王垭 4A 级景区，按照"漆茶融合、漆旅融合"的理念进行升级打造，建设一个以探索漆文化为主题的深度文旅度假产品——寻漆文化之旅。在现有生漆产学研基地的基础上，本项目将提升竹溪生漆博物馆、桼园美术馆的功能和馆藏内容，并建设国际驻访交流中心、主题研学基地、主题民宿、主题餐饮区、艺术疗愈空间、时尚咖啡馆、乡村影院等消费类项目。通过这些建设，将竹溪国际漆艺村打造成具有国际化视野和良性内循环系统的中国漆文化第一村和漆主题旅游目的地。

（2）中国（武当）文物古建筑保护与活化一体化平台项目。本项目依托"北建故宫，南修武当"的文化影响力，面向全球推广"古建专用漆和古建筑髹缮项目"，与具有古建施工资质企业和机构战略合作对外销售古建专用漆，承接古建筑油饰彩绘工程。平台将衍生"文物古建筑修缮保护材料开发""文物古建髹缮专业人才培养""故宫@武当古建营造法式研学""武当文物古建非遗文创开发"等子项目。

（3）竹溪生漆博物馆项目。2018年建成的竹溪生漆博物馆被称为亚洲第一座生漆主题博物馆,后期拟通过升级改造和运营,使之成为具有世界影响力的生漆主题博物馆。

（4）桼园美术馆项目。桼园美术馆作为中国漆谷的灵魂,将邀请国际知名设计大师设计,致力于打造精神地标建筑,使之成为中国最具影响力的漆主题美术馆。美术馆将涵盖艺术策展与国际巡展、云簃艺术民宿、青年众创空间、国际驻访交流与大师工坊等功能区。桼园美术馆将以极具视觉冲击力的文化展示和艺术展览,呈现中华大漆的无穷魅力,为观众提供沉浸式的完美体验,把"东方漆艺美学"的精髓和人文精神传播到全世界。

（5）主题研学基地项目。拟建设一个具有全国影响力的漆艺非遗主题研学基地,该基地将涵盖高端研学、大学生实践创作和毕业设计、中小学生科普研学等活动。

3 "中国漆谷"建设效益分析与支撑保障

3.1 效益分析

经济效益:本项目建成达产后,可实现综合年产值100亿元以上,税收5亿元以上。随着项目的裂变,可在全省产生2000亿元产值规模。

社会效益:"中国漆谷"建成后,必将使湖北成为全球瞩目的生漆产业发展高地,成为"两山"理念转化的成功典范、乡村振兴创新示范区,巩固脱贫成果,带动山区农民增收。

生态效益:对于实现"碳达峰""碳中和"目标,促进绿色循环产业发展,促进生态转型,提高区域应对气候变化韧性,以及保护生态系统等有着深远意义。

3.2 支撑保障

3.2.1 政策支持

2020年9月,我国提出了"力争2030年前实现碳达峰,2060年前实现碳中和"的应对气候变化的目标,为我国实现绿色低碳发展指明方向。生漆产业也因此成为各地政府争相推广发展的产业。

在党和国家大力发展绿色低碳产业的政策利好背景下,化学涂料的生产与使用将日益萎缩。众所周知,化学涂料是由石油合成的,每合成1kg化学涂料需消耗7.5kg石油,其总量相当于我国石油消费总量的25%。生漆产业作为100%绿色低碳产业迎来了新的生机。

2024年6月19日,湖北省林业局召开了全省生漆产业发展研讨会,这次会议在全省范围内对发展生漆产业做了总动员,吹响了全省发展生漆产业的号角。会上,省林业局提出要把生漆产业作为湖北重点林特产业予以支持,将建设"中国漆谷"作为推动全省生漆产业发展的核心工作,提出了争做全国第一的口号。

近年来,竹溪县提出了"擦亮生漆之乡招牌、振兴竹溪生漆产业"的口号,将生漆产业作为脱贫富民产业和乡村振兴的重要内容加以扶持。竹溪县制定了《竹溪县生漆产业规划》和《关于加快推进生漆产业发展的实施意见》,大力实施了一系列扩大漆树栽植规模、弘扬生漆文化、培养产业人才、培育漆市场主体等举措。对集中连片规模在200亩及以上的漆树种植基地,按每亩400元的标准进行奖补。同时,对入驻园区的加工企业,将采取免收租金、补贴装修费用、提供员工公寓、提供供应链金融等支持,旨在全力扶持市场主体做大做强。

3.2.2 配套措施

1.用地配套

在种植方面,竹溪县首期已完成13万亩漆树基地建设。县林业部门还将适种地块进行整体规划,鼓励在荒山荒坡种植漆树。在园区建设方面,竹溪县规划了城关镇东风村6组450亩地块用于生漆产业园的建设,其中一期建设用地约184亩已完成相关手续。此外,竹溪县还计划在龙王垭4A级景区内建设竹溪国际漆艺村,为漆艺文创、漆艺研学、漆艺民宿、主题康养等项目提供培育土壤和发展空间。

2. 基础配套

竹溪县先后投资 6000 多万元建设了竹溪国际漆艺村、竹溪生漆博物馆、梨园美术馆和漆艺文创中心等标杆项目。其中,竹溪生漆博物馆被业界公认为亚洲第一座以生漆为主题的博物馆。竹溪还成功举办了竹溪县生漆循环产业研讨会、中国漆科技创新与产业发展专家座谈会、第三届生漆科学与漆艺传承研讨会暨漆树产业国家创新联盟 2023 年年会,以及振兴湖北大漆产业专家巡讲活动。全县形成了涵盖漆树种植、漆产品加工、销售为一体的产业生态链,为全省全国生漆产业发展提供了实践样本。

3. 人才配套

竹溪县大力"招才引智",分别与湖北工业职业技术学院签订了《校地合作协议》,与北京市西城区非物质文化遗产展示中心签订了《生漆产业复兴·非遗精准扶贫战略合作协议》,与荆州传统工艺工作站签订了《漆树产业基地战略合作协议》,与中华全国供销合作总社西安生漆涂料研究所签订了《关于共同发展竹溪县生漆产业及优良漆树品种科技示范基地战略合作框架协议书》,旨在依托智库专家服务竹溪生漆产业发展。竹溪县还组织本地青年到北京、西安、福州等地开展漆专业研习培训,提高漆艺传承人可持续发展能力。

3.2.3 基本保障

1. 组织保障

竹溪县委、县政府高度重视生漆产业发展,对该产业链实行链长负责制,并成立了竹溪县生漆产业链领导小组。由县长亲自挂帅担任链长,县人大副主任、常务副县长、分管副县长担任副链长,成员单位包括县发展和改革局、财政局、林业局、农业农村局、经济和信息化局等相关部门。领导小组办公室设在县林业局,为发展生漆产业提供强有力的组织保障。

2. 资金保障

2024 年,竹溪县积极向省农业农村厅申报了"世界银行贷款湖北省安全、可持续、智慧型农业项目",获得省政府和有关部门的批准,资金总计 3500 万美元(约合 2.53 亿元人民币)。按照县委、县政府部署,该资金将作为"中国漆谷"项目建设的启动资金,全部用于生漆产业项目。后续,竹溪县还将广开资金渠道,通过招商引资和各种渠道筹集生漆产业发展资金,不断加大对"中国漆谷"项目的投入力度。

3. 龙头保障

竹溪县引进了中漆文化产业有限公司作为竹溪县生漆产业龙头企业,并授予其"生漆招商大使"称号,充分发挥龙头企业在理念、人才、技术、资源和产业实践经验等方面的优势,积极支持龙头企业在资源整合、产业规划、项目谋划、招商引资和项目投资建设、运营管理等方面发挥引领作用,助力"中国漆谷"早日建成。

参考文献

陈赋理,1981.日本生漆产业百年史简介[J].涂料工业(4):44-46+6.

秦新,2023.竹溪生漆产业和漆树栽培技术浅析[J].国土绿化(8):54-55.

王尚林,张绍辉,2020.湖北竹溪生漆发展探析[J].中国生漆,39(2):36-38+54.

姚文章,1987.浅色生漆在湖北竹溪县中试成功[J].湖北林业科技(4):15.

郑强,2023.竹溪生漆产业助力县域经济发展路径研究[J].湖北工业职业技术学院学报,36(3):21-23.

下 篇

专题报告：
多维视角为长江经济带
高质量发展"赋绿增能"

习近平生态文明思想的生动实践与深度落实——基于湖北省生态文明建设的思考

杨柳[1,2]，覃纯[3]

(1.中国建设银行太原南城支行,山西太原,030000；
2.中国地质大学(武汉)经济管理学院,湖北武汉,430074；
3.宜昌市人文艺术高中,湖北宜昌,443000)

摘　要：本文分析归纳了习近平生态文明思想在湖北实践的主要特点,揭示了湖北省生态文明建设面临的挑战,提出了优化湖北省生态文明建设的路径。作者认为,以长江经济带绿色发展为核心的湖北高质量发展实践、以水生态文明建设为特色的湖北生态优先实践、以体制机制创新为支撑的湖北生态文明制度创新实践及打造各具特色的生态文明建设湖北样板是湖北践行习近平生态文明思想富有特色的实践活动,要以习近平生态文明思想统领湖北生态文明建设,持续推进生态环境保护政策改革,加快推动产业绿色低碳发展,打造绿色产业示范区,完善生态环境责任体系。

关键词：习近平生态文明思想；生态建设；创新实践

党的十八大以来,以习近平同志为核心的党中央面对经济发展进入新常态的发展形势和人民日益增长的对良好生态环境的现实需求,在继承和发展马克思主义生态思想的基础上,开展生态文明理论创新、实践创新、制度创新,形成了习近平生态文明思想,科学阐释了生态文明建设的深刻内涵,提出了一条符合中国国情、具有中国特色的人与自然和谐共生之路,为美丽中国建设提供了根本指引。习近平生态文明思想系统、完整、科学地揭示了新时代我国生态文明建设的战略全貌,提出中国式现代化建设要以生态文明理念为指导,不断推动建设人与自然和谐共生的现代化。党的二十大将习近平生态文明思想进一步提炼提升,明确指出人与自然是生命共同体,我们要坚持节约优先、保护优先、自然恢复为主的方针。报告强调,尊重自然、顺应自然、保护自然,是全面建设社会主义现代化国家的内在要求,必须牢固树立和践行"绿水青山就是金山银山"的理念。党的二十大首提"中国式现代化是人与自然和谐共生的现代化"、首提"站在人与自然和谐共生的高度谋划发展"。湖北省是全国重要的产业基地和交通枢纽,区位优势明显,经济发展迅速。湖北省是重要的生态功能区,肩负着生态环境保护与建设的重大使命。如何坚持生态优先、绿色低碳发展,不断为建设生态良好的美丽中国贡献湖北力量是当前亟待解决的重大问题。

1 习近平生态文明思想在湖北的生动实践

总体来看,习近平生态文明思想在湖北的生动实践有以下几个特色鲜明的方面:一是以长江经济带绿色发展为核心的湖北高质量发展实践。它集中体现在贯彻落实习近平总书记视察湖北讲话提出的协调"五大关系"的理念、政策与实践;两型社会的引领与创新;科学定位、规划先行的重点项目示范带动;以绿色智慧城市、绿色生态小镇试点为代表的"绿城水韵"新型城镇化的实践;坚持人民至上、生态优先的理念及实践。二是以水生态文明建设为特色的湖北生态优先实践。这包括打造水生态文明建设示范试点;推进流域综合治理,并与精准扶贫、乡村振兴有机结合的实践探索;以及以"河长制"为重点,不断完善水生态文明制度体系。三是以体制机制创新为支撑的湖北生态文明制度创新实践,坚持全方位创新生态文明建设体制机制。四是打造各具特色的生态文明建设湖北样板,实行差异化推进战略与路径,其中宜昌、十堰、神农架、恩施、鄂州的生态文明实践亮点纷呈。

1.1 推动确立经济与生态建设共进的发展目标

习近平总书记始终辩证地看待我国生态环境污染问题,多次强调我国生态环境矛盾是一个历史积累过程,是长期变化的结果。面对"经济发展与环境保护不相容"等环境威胁论,他提出了"绿水青山就是金山银山"的"两山"论、"保护生态环境就是保护生产力,改善生态环境就是发展生产力"的环境生产力论等理论,这些理论表明了经济发展与生态建设是辩证统一的。

党的十八大以来,湖北省从经济发展现状出发,以现实为依据,统筹推进湖北省生态文明建设,从多个方面着力,培育发展新动能,不断加快生态综合治理步伐,全力推动经济绿色高质量发展。在此过程中,湖北省积极推动产业绿色发展,不断探索经济绿色可持续发展新思路,制定并按期完成了长江经济带绿色发展十大战略性举措,实施了一批重大产业绿色升级项目。同时,环境经济政策不断完善,统筹安排约20.8亿元用于流域和环境空气生态补偿,80个县(市、区)初步建立了流域横向生态保护补偿机制。

近年来,湖北省创建开发的长江大保护数字化治理智慧平台,实施的长江大保护"双十工程"和"四个三"重大生态工程,以及重点行业货物运输绿色升级、山水林田湖草生态保护修复等项目,都是对习近平生态文明思想的具体应用,打通了生态资源和经济发展之间的通道。

1.2 引领协同推进系统综合治理的发展思路

习近平强调要按照生态系统的内在规律,统筹考虑自然生态各要素,从而达到增强生态系统循环能力、维护生态平衡的目标;在政策实施上,要统筹兼顾、整体施策、多措并举。这充分体现了习近平生态文明思想的系统性思维,指明了协调联动、协同共治的治理之路。

2018年以来,湖北省已颁布了30余项以习近平生态文明思想为指导的政策文件,持续推动生态文明建设向规范化、法治化、制度化的方向发展,并协同推进生态环境的系统综合治理。湖北省牢固树立新发展理念,实施"生态立省"战略,紧扣生态环境保护这一核心目标,深入推进污染防治攻坚战,在水污染治理、大气治理、土壤治理方面取得了显著成效。至2022年,湖北省326个地表水省控断面全面消除劣Ⅴ类,水质优良比率达到90.5%;全省城市优良天数比率达到82.4%;土壤环境质量总体安全稳定;生物多样性和自然资源保护地数量持续增长;生态文明示范创建成果稳居全国前列,走出了一条系统综合治理、生态友好的发展道路。

1.3 强调生态共享与人民至上的发展理念

习近平指出:"生态环境是关系党的使命宗旨的重大政治问题,也是关系民生的重大社会问题。"在人民至上理念的引领下,湖北省提出要重点实施"无废城市"建设示范引领工程和"无废细胞"工程。具体措施包括:推进"无废工厂"建设,对钢铁、水泥、玻璃、有色金属、石化等重点行业,实施全流程清洁化、循环化、低碳化技术改造;开展"无废园区"建设,支持建设生态养殖生产园区和新材料产业园;落实"无废城市"建设要求,完善垃圾分类与垃圾处理,并开展农村垃圾整治行动。此外,湖北省还提出以餐饮企业、酒店、机关事业单位和学校食堂为重点,在全省范围内创建一批绿色示范项目,并鼓励金融机构加大对该建设项目的信贷支持力度。湖北省从人民对生态环境的切实需要出发,不断努力建设城乡环境宜居、绿色生活普及、生态文化先进的生态强省。

2 湖北省生态文明建设面临的挑战

立足新发展阶段,湖北省全面贯彻新发展理念,坚持降碳、减污、扩绿、增长协同推进,切实履行维护生态环境安全的湖北责任,生态安全工作已取得了一定成效,但仍然面临生态环境风险大、产业结构不够合理以及生态环境建设矛盾突出等问题。

2.1 自然生态环境形势依然严峻

湖北省位于长江流域中游,水资源总量较为丰富。然而,作为一个地域广阔、人口众多的省份,其下辖的地级市和自治州在地理条件及人口分布上差异性较大,存在着一定的水资源分布不均的情况,水资源供需日益矛盾突出。此外,湖北省凭借其四通八达的地理优势,实现了经济的迅速发展,但与此同时,工业发展迅猛和人为活动的增多也带来了挑战。工业污水排放量逐年增加,沿江的工业企业和发达的航运加剧了水资源生态污染负荷,对水体生态环境质量造成了影响。在大气治理方面,湖北省的空气质量受本地污染、区域传输、气象条件等因素影响,极易出现空气污染问题,大气污染防治压力较大。在土地资源方面,湖北省的土地生态承载力不稳定,盲目征地以扩张城市建设用地导致的土地资源浪费问题日益突出,与经济绿色可持续发展之间的矛盾逐渐凸显。总体来看,湖北省的自然生态环境形势依然严峻。

2.2 产业结构调整和经济绿色发展面临较大挑战

目前,湖北省生态文明建设和产业结构转型升级耦合程度不够,环境保护仍主要依赖行政手段,尚未完全转化为企业转型发展的动能。随着工业化水平的持续提升,湖北省积极承接国内外产业转移,但在经济总量增长的同时,绿色发展的体制机制不够完善,环境经济资源的配置也不够合理,产业结构优化成效不显著,资源利用效率有待提升,由此引发的资源环境问题日益凸显。此外,资源节约型、环境友好型的绿色产业仍面临"融资难、融资贵"的困境,绿色技术创新体系建设相对滞后,财政对于生态建设与环境保护的资金投入有限,给环保行业的发展带来了较大压力。

2.3 生态环境建设主要矛盾不断加剧

随着人民收入和生活水平的提升,公众对生态环境的要求日益增高,敏感度也不断增强。湖北省因其独特的地理位置,冬夏长、春秋短,冬季湿冷、夏季酷热,气候变化频繁,加之自然环境污染,导致极端天气有所增加,这给经济发展、生态环境建设及人民生活水平的全面提高带来了更大的挑战。同时,生态环境保护的配套政策尚待完善,公众参与生态文明建设的意识以及以绿色消费为导向的消费态度仍需引导。随着生态环保督察整改的不断深入,虽然一大批生态环境问题得到了有效解决,但一些行业性、区域性难点问题也逐渐浮现。此外,多方参与的生态环境保护模式也引发了一系列的问题,如责任不明确、配套机制不健全等。

3 优化湖北省生态文明建设路径

3.1 以习近平生态文明思想统领湖北生态文明建设

推动绿色发展,促进人与自然和谐共生。践行绿色使命,加快壮大绿色经济,持续完善绿色制度,在推进生态高效能治理上彰显新担当;共同打造绿色家园,在创造人民高品质生活上实现新跃升。为此,需强化联动思维、协同思维、科技思维和法治思维,坚持流域综合治理与统筹发展,同步推进新型工业化、信息化、城镇化、农业现代化,以推动湖北高质量发展。当前,首要任务是贯彻落实党的二十大生态文明精神和习近平生态文明思想。我们应站在人与自然和谐共生的高度,科学谋划未来发展路径。

3.2 持续推进生态环境保护政策改革

深入推进生态文明体制的地方性实践改革,需要从法律、财税、金融、投资、价格政策等方面完善支持绿色发展的政策保障体系。完善生态文明制度体系是进一步夯实生态文明建设基础的关键,构建覆盖全过程的生态环境保护制度体系,是当前生态文明建设的重要着力点之一,通过政治路径优化,不断完善生态保护政策法规,为湖北省生态文明建设提供制度保障。一是要深化生态环保机制体制改革,积极完善顶层设计,加大政策引导和推动力度,推进生态环境保护问题整改。为此,应建立生态环境整改小组,统筹湖北省生态保护工作,对各地市、各行业现有的阻碍生态环境建设的问题进行汇总与剖析,并有针对性地修改省内相关地方性法规,为湖北省生态文明建设奠定坚实基础。二是要落实各方责任,加强监管,形成一套完整的联防联治机制,防止生态破坏问题反弹。应建立区域生态环境专项监察制度,明确环保第一责任人,定期开展生态环境评估与审核,强化责任追究制度,并及时修复受损的生态环境,确保生态保护工作取得实效。

3.3 加快推动产业绿色低碳发展,打造绿色产业示范区

把倡导绿色消费和供给侧结构性改革结合起来,推动形成绿色低碳的生产方式和生活方式。深入实施全面节约战略,加快构建废弃物循环利用体系,推进各类资源节约利用,力求降低地方社会经济活动中的物质消耗总强度。保护生态环境就是保护生产力,改善生态环境就是发展生产力,通过推动经济路径优化,有效利用生态资源,将生态环境建设作为经济发展动力,实现经济与生态的协调发展。一是整合统筹生态资源。深入贯彻习近平总书记"绿水青山就是金

山银山"的发展理念,对全省生态资源进行摸底并统一安排管理。对脆弱恶化、不合理开发的生态资源进行集中保护,促进生态修复;对分布不均、碎片化的生态资源进行整合,优化资源分配;将闲置且可供生产经营的生态资源推向市场,转化为生态资产,为经济发展注入动力。二是加快产业转型升级。针对湖北传统制造产业进行生态化改造,鼓励清洁能源使用,严格控制工业废水废气排放;支持产业绿色技术创新,完善生产污染物处理设备设施;关停经济效益低、环境污染严重的企业,加大对新兴绿色产业的扶持力度,推动生产要素重组,有序推进全省产业向绿色低碳方向发展。

湖北省依托长江经济带,发展绿色产业具有显著优势,要坚持绿色发展理念,大力培育高效低耗的生态经济体系。通过对资源的合理整合和规划,科学布局产业,集中力量培育一批污染小、环境友好的产业。同时,对湖北省内的各产业进行统一规划,在各县市逐步推行绿色产业试点,建立绿色产业示范园区,集中处理生产废弃物。结合实际不断探索,总结可复制、可推广的绿色产业发展经验,充分发挥绿色产业示范区的引领作用,带动湖北各地各产业进行生态文明建设。通过逐步试点打造绿色产业示范区的方式,不断提升湖北省生态环境质量,实现经济绿色高质量发展。

3.4 完善生态环境责任体系

习近平总书记提出:"良好生态环境是最公平的公共产品,是最普惠的民生福祉"。生态文明建设既是为了广大人民,同时也要依靠广大人民,应通过优化生态文明建设的社会路径,营造生产生活的生态友好氛围,进一步打造绿色低碳社会。一是要坚持以满足人民的需求为导向,提供更多的优质生态产品,以不断满足人民群众日益增长的对优美生态环境的需要。对居住环境、工作环境、游乐环境进行整治,创建更多绿色街道、绿色社区,推动基层的生态文明示范区创建,促进经济社会发展全面绿色转型,让生态文明建设成果体现在人民群众生活的方方面面,提升人民群众的生活幸福感。二是要加强生态环保教育,通过多样化的手段开展生态文明教育与宣传活动,鼓励全民参与环保行动,积极引导居民树立人与自然和谐共生的价值观念,倡导绿色消费理念,推动形成节约适度、绿色低碳、文明健康的生活方式和消费模式,形成湖北生态文明建设的社会合力。

3.5 推动跨区域生态保护协作

建设生态文明,要加强各地区的联系,通过跨区域合作机制,促进湖北生态文明建设水平的整体提升。首先,各地区应通过碳市场等市场机制,灵活开展地区减排合作。污染排放治理是生态文明建设中的重要环节,必须坚持将污染防治攻坚战作为一项总体战,加强生态环境保护的统一管理。其次,要密切注意区域协调,增强生态保护的系统性,促使各地的生态资源、生态信息、生态技术及生态人才充分流动,不断探索生态文明建设的新路径。最后,要推进多地多部门协同监管,发挥各地方政府的主导作用,同时鼓励个人单位和群众参与生态文明建设与监管,凝聚生态保护合力,不断提升湖北生态文明建设水平。

参考文献

程波辉,彭向刚,2022.中国生态文明建设的治理框架及其检验[J].中国人口·资源与环境,32(8):29-39.

高帅,孙来斌,2021.习近平生态文明思想的创造性贡献——基于马克思主义生态观基本原理的分析[J].江汉论坛(1):5-12.

侯孟阳,席增雷,张晓,等,2023.国家重点生态功能区的环境质量与经济增长效应评估[J].中国人口·资源与环境,33(1):24-37.

黄承梁,杨开忠,高世楫,2022.党的百年生态文明建设基本历程及其人民观[J].管理世界,38(5):6-19.

黄宁阳,黄娟,2020.湖北省经济增长质量的统计评价[J].统计与决策,36(2):81-84.

姜永红,邓莎,宁安,2022.论中央生态环境保护督察的实践成果:以湖北为例[J].环境保护,50(18):16-19.

廖琪,易川,周超群,2019.坚持底线思维 筑牢湖北生态屏障[J].环境保护,47(8):24-26.

刘习平,管可,2018.湖北长江经济带绿色发展效率测度与评价[J].统计与决策,34(18):103-106.

秦书生,王曦晨,2021.坚持和完善生态文明制度体系:逻辑起点、核心内容及重要意义[J].西南大学学报(社会科学版),47(6):1-10+257.

王雨辰,2022.习近平生态文明思想视域下的"人与自然和谐共生的现代化"[J].求是学刊,49(4):11-20.

叶琪,黄茂兴,2021.习近平生态文明思想的深刻内涵和时代价值[J].当代经济研究(5):60-69.

张董敏,齐振宏,罗丽娜,等,2016.湖北省生态文明水平现状、趋势推演及空间分异研究——基于乘法集成赋权法[J].农业现代化研究,37(4):649-656.

张晓京,2018.长江经济带湖北段水生态建设的问题、成因与对策[J].湖北社会科学(2):61-67.

张宜红,2015.江西建设国家生态文明先行示范区的路径与政策措施[J].企业经济(2):117-120.

张永生,2021.为什么碳中和必须纳入生态文明建设整体布局——理论解释及其政策含义[J].中国人口·资源与环境,31(9):6-15.

张云飞,李娜,2022.习近平生态文明思想的系统方法论要求——坚持全方位全地域全过程开展生态文明建设[J].中国人民大学学报,36(1):1-10.

下篇　专题报告:多维视角为长江经济带高质量发展"赋绿增能"

基于知识图谱的2000—2022年我国森林碳汇研究可视化分析

葛晓涵[1],母洪娜[1]

(1.长江大学园艺园林学院,湖北荆州,434025)

摘　要:森林作为陆地生态系统的核心组成部分,其固碳能力对于实现我国的"双碳"目标具有重要意义。经过多年的生态文明建设,我国森林碳储量逐年增加,森林碳汇功能得到显著提升,对全球森林碳汇功能的总体增强起到了积极的作用。本文以中国知网(CNKI)数据库中有关森林碳汇研究主题的428篇文献为研究对象,利用CiteSpace软件对相关引文及主题词数据进行了分析和处理,通过知识图谱的形式,系统梳理了国内森林碳汇研究领域的重要学术文献、关键人物及研究热点等。主要分析结果表明:①国内森林碳汇研究起步较晚,但发文数量总体呈快速增长趋势,研究领域日益成熟。②中国在森林碳汇计量、不同树种固碳特性等方面已取得许多成果。③通过深入研究森林碳汇,并针对森林碳储量采取相应的管理措施,可提高森林单位面积碳储量,提升碳汇效果,为实现"低碳"发展目标下的森林可持续发展提供重要的技术支持。

关键词:森林碳汇;碳汇;碳汇计量

1　背　景

联合国大会于1992年5月9日通过的《联合国气候变化框架公约》将碳汇定义为:从大气中清除温室气体、气溶胶或温室气体前体的任何过程、活动或机制。1997年通过的《京都议定书》承认了森林碳汇在减缓气候变暖方面的重要作用。我国于1992年加入《联合国气候变化框架公约》,积极参与全球的气候治理。国家主席习近平提出,中国将在2030年之前实现碳达峰,并努力争取在2060年前实现碳中和。2020年,中央经济工作会议将开展大规模国土绿化行动、提升生态系统碳汇能力作为"碳达峰、碳中和"的内容,纳入了"十四五"开局之年我国经济工作重点任务。森林碳汇作为实现碳达峰、碳中和的重要手段,已成为当前学术界的热点话题,关于森林碳汇测算和碳汇能力提升方面的研究及应用正在不断加强。

近年来,学术界对森林碳汇的研究集中在森林的固碳作用及其影响因素、森林固碳量估算方法的拓展及应用、森林碳汇的现状与潜力评估、森林碳汇估算模型优化、森林碳汇时空分布格局等。朱梅钰等(2021)对中国29个省(区、市)工业行业的森林碳汇需求空间进行了研究。姚仁福等(2021)采用森林蓄积量扩展法和DEA-Malmquist法,对中国29个省(市、区)森林碳汇的静态效率和动态演进过程进行了实证分析。林玮等(2020)采用湿烧法测定了华南地区主要造林树种的含碳量,并结合其生长量对各树种、科及植被类型间的碳汇能力进行了比较。徐耀粘等(2015)基于影响因子间的层次关系,总结了生物因素和气候、土壤因子对森林固碳量的影响机理。前人研究大多集中在碳汇测算方法上,但缺少测算方法间相关性、差异性及测算方法发展脉络方面的研究。因此,本文将从森林碳汇测算方法、森林碳汇实践效应、树种固碳能力等方面进行梳理、总结和展望,为我国建立更加全面、精准的森林碳汇计量方法,实现"碳达峰、碳中和"目标提供有效的参考建议。

2 数据来源和研究方法

2.1 数据来源

本文基于中国知网(CNKI)总库的中文学术研究论文,以"森林碳汇""林业碳汇""森林碳汇计量""森林碳汇交易""碳储量"等森林碳汇研究方面的词条为主题、关键词或篇名,对2000—2022年期间的论文进行了检索分析及分类整理,剔除了重复性文献,最终筛选出428篇相关文献,并将这些有效文献以Refworks格式导出。

2.2 研究方法

在研究方法上,本文使用了 CiteSpace 软件进行文献分析。首先,将 CNKI 的文献导入软件,然后利用 CiteSpace 软件进行关键词共现分析、聚类分析及研究作者分析等方面的工作,最终得到相应类型的图谱。此外,本文还使用了 Origin 软件进行发文数量的统计,并绘制了相关图表。

3 我国森林碳汇研究总体特征

3.1 文献时间分布

从图 1 可知,我国对森林碳汇的研究总体上呈现上升趋势。2010—2014 年发文量有所下滑,近 5 年我国森林碳汇发文量迅速增加,2018 年后每年至少增加 20 篇,最多时增加了 47 篇。由此可见,森林碳汇已成为当今的热点话题。根据年发文量特征,可以将我国森林碳汇计量研究划分为以下 3 个阶段。

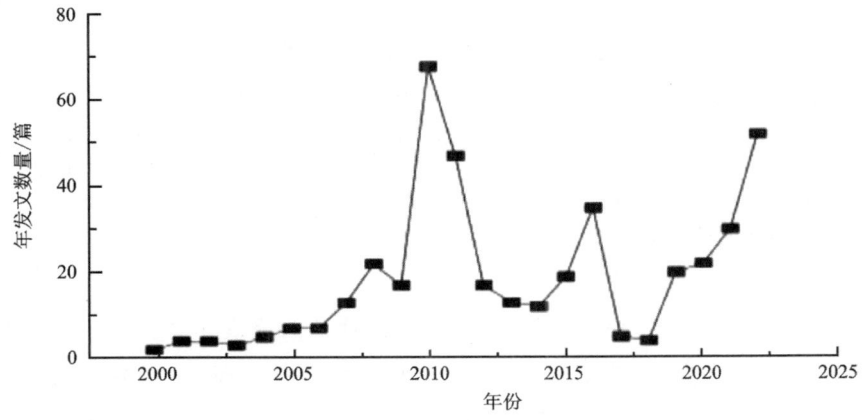

图 1 2000—2022 年森林碳汇每年发文量

第一阶段为 2000—2010 年。该阶段发文量呈现缓慢增长的特征。1997 年,为缓解全球气候变暖的趋势,来自 149 个国家和地区的代表在日本京都通过了限制世界各国二氧化碳排放量的国际协议《京都议定书》，该协议承认了森林在减少碳排中的重要作用。在2003年12月召开的《联合国气候变化框架公约》第九次缔约方大会上，国际社会就将造林、再造林等林业活动纳入碳汇项目达成了共识，并制定了新的运作规则，为正式启动实施造林、再造林碳汇项目创造了有利条件。在此背景下，林业碳汇计量逐渐成为研究热点，主要涉及功能和路径的研究。

第二阶段为2011—2018年。该阶段虽然发文量总体呈下降趋势，但较上一阶段有了显著提升，年发文数量大多在15篇以上。2011年，按照"十二五"规划纲要关于"逐步建立碳排放交易市场"的要求，国务院与国家发展和改革委员会连续下发文件，批准在北京、上海、天津、湖北、重庆、广东和深圳7个省（市）开展碳排放权交易试点工作。碳汇计量工作逐渐进入国内学者研究的视野。2012年，首个以积累碳汇、应对气候变化为主要目标的碳汇造林项目在青海实施，该项目由中国绿色碳汇基金会资助。随着低碳、碳汇碳源、碳足迹、碳生命周期等概念的提出与日益受到重视，森林在减少碳排放方面的重要性愈发凸显。研究内容也从传统的介绍森林碳汇计算方法，扩展到针对某地区的森林碳汇进行精确计算，重点开展了对某些植被和树种类型的区域碳汇估算，如中国森林植被和中国草地的生物量碳汇研究，以及利用生态过程模型估算中国陆地生态系统的净生产力等。

第三阶段为2018年以后，该阶段年发文数量明显高于前两个阶段。党的二十大报告指出，要提升生态系统碳汇增量。国务院提出碳达峰、碳中和目标后，各地方政府相继出台了碳减排方案，着手计算当前的碳排放与吸收量。同时，对森林碳汇的研究也扩展到了海洋碳汇，计算森林碳储量的方法也变得更加多样化。

3.2 研究作者

从图2可知，所选文献共有306个节点，这些节点代表作者数量。节点的大小反映了作者的发文量，节点越大，表明该作者的发文量越多，研究活跃度也越高。所选文献共涉及306位作者，其中单一作者的文章数量较少，大多数文章是多个学者合作研究的成果。节点最大的作者是仇梦媛（23篇），其次是吴保含（22篇）、张祯祺（17篇）、张平平（17篇）、李婷婷（12篇）、杨加猛（11篇）、李峰（10篇）、王泽琳（8篇）、蔡惠文（7篇）、刘金山（4篇）等学者，说明这些学者在该领域比较有影响力。节点之间的连接线表示协作关系的深浅,线条越粗,表示合作次数越多。图谱共有 209 条连接线,说明我国学者之间有一定的合作,其中仇梦嫄、吴保含等人,以及张平平、李婷婷等人形成了相应的合作圈。网络密度是衡量作者间合作关系紧密程度的一个指标,密度越高,表示作者间的合作关系越紧密,研究网络也越完善。图谱网络密度为 0.004 5,表示学者间的合作不是很密切。节点的颜色代表不同的年份,节点颜色越偏红,表示发文时间越早;颜色越偏黄,表示发文时间越晚。

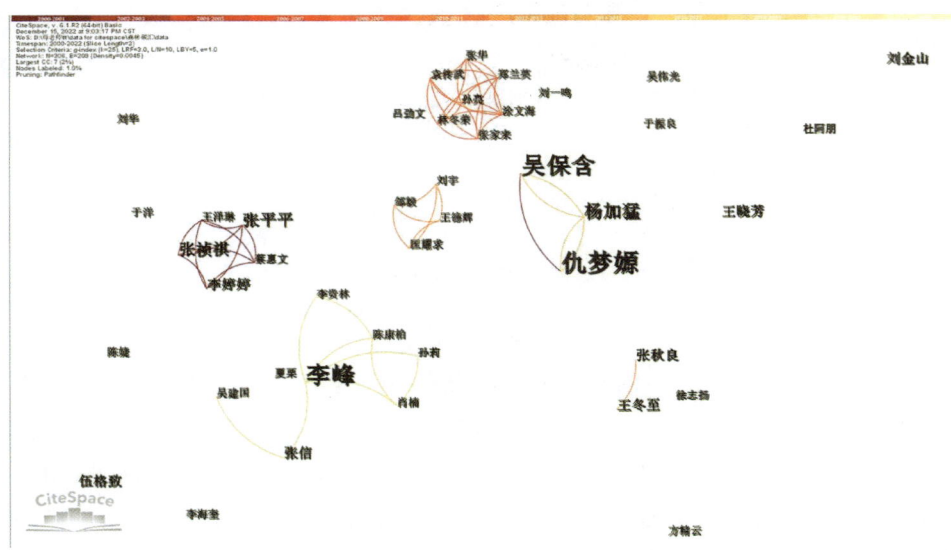

图 2　2000—2022 年森林碳汇计量研究作者图谱

3.3　研究热点分析

运用 CiteSpace 软件对 428 篇文献进行关键词图谱分析,得到图 3 的关键词高频共现图谱。从图 3 可以看出,碳储量、碳汇、碳密度、生物量、森林碳汇是该研究领域内的高频热点,代表该研究领域的主流方向。

借助 CiteSpace 中的突变词(burstwords)探测技术,可以分析某一研究领域的新兴趋势。关键词的突变强度越高,表明该关键词对应的研究主题受到的关注度越高。本文筛选出突变强度最高的 25 个关键词,如表 1 所示。可以看出,森林碳汇计量研究领域的文献涉及广泛,不同学科类别的关键词在不同时期出

图 3　关键词共现图谱

现,可将该研究领域分为以下两个阶段。

第一阶段为 2000—2010 年。此阶段突变的关键词持续增加,包括"碳循环""碳平衡""气候变化"和"碳源""碳汇"等,共 15 个。从关键词持续时间和突变强度来看,碳汇相关的研究从 2000 年起逐渐在国内受到关注;从关键词反映的内容来看,碳汇研究中关注度较高的是碳循环、碳储量的研究;中国科学院的研究成果也显示,2001—2010 年间中国森林生态系统碳汇量约占全国陆地生态系统碳汇总量的 81.3%。由此可见,森林是陆地生态系统最主要的碳库,尤其在中国,森林碳汇相比其他生态系统具有明显的优势地位。此外,利用知识图谱来了解森林碳汇的做法在当时已经被采用。

第二阶段为 2011—2022 年。此阶段突变的关键词包括"碳汇计量""计量方法"和"碳密度"等,共 13 个。从关键词持续时间和突变强度来看,2010 年森林碳汇受到了更多学者关注。关键词提炼出的内容表明,计算碳密度和固碳潜力是热门研究方向。如董方晓(2010)利用换算因子连续函数法,估算了辽宁省森林的碳汇量;张颖等(2010)通过收集 1990—2007 年林木蓄积量、生长量、枯损量和采伐量的数据,用蓄积量转换法建立了森林碳汇核算的回归模型。

表 1 突变频率最高的 25 个关键词

关键词	开始出现年份	突变强度	突变开始年份	突变结束年份
碳循环	2000	4	2000	2006
碳平衡	2000	3	2000	2008
碳源/汇	2000	3	2000	2007
气候变化	2000	3	2000	2008
碳贮量	2000	3	2000	2009
知识图谱	2000	3	2000	2006
时空变化	2000	2	2000	2007
文献计量	2000	2	2000	2006
三江源	2000	2	2000	2006
森林	2000	2	2002	2010
经济价值	2000	2	2007	2009
生物量	2000	2	2009	2010
碳汇	2000	5	2010	2011
广东省	2000	2	2010	2012
大青山	2000	2	2010	2011
计量	2000	2	2011	2012
计量方法	2000	2	2014	2016
林分类型	2000	5	2015	2017
碳汇计量	2000	5	2016	2017
固碳潜力	2000	2	2016	2022
林龄	2000	2	2016	2018
碳密度	2000	3	2018	2019
森林碳汇	2000	2	2019	2020
影响因素	2000	2	2019	2022
乔木林	2000	2	2019	2022

4 我国森林碳汇主要研究领域进展

4.1 森林碳汇计量方法

森林碳汇的计算方法是评估森林碳汇能力及生态效益大小的基础,也是开展森林碳汇项目或活动不可或缺的部分。目前国内有关森林碳汇的估算方法主要有生物量法、蓄积量扩展法、遥感估算法、涡度相关法及弛豫涡旋积累法等,各种碳汇估算方法在适用范围和研究精度方面存在较大差别,其优缺点比较分析如表2所示。

表2 常见的森林碳汇计算方法优缺点分析

方法名称		优点	缺点
生物量法	平均生物量法	直接明了,计算较为方便,应用范围广	对模型的要求比较高,需要对不同地区、不同树种的生物量模型进行深入研究。该方法忽视地下含碳量,计算误差大
	平均换算因子法		
	换算因子连续函数法		
蓄积量扩展法		计算较为方便,应用范围广,精度较高	转换系数太过绝对,无法计算其他因素(如气候等)产生的影响,计算误差大
遥感估算法		省时省力,数据精确	受地面生物不同程度的影响
涡度相关法		基于微气象学原理,考虑气象条件等因素,用于估算碳通量	气象条件复杂、观测仪器系统误差等因素会影响估算结果
弛豫涡旋积累法		测量森林生态系统中 CO_2 的交换量	设备较为昂贵,维护和操作成本较高。测量结果受气象条件影响较大,需要较强的数据处理和分析能力

4.1.1 生物量法

生物量法,是通过对森林植物生物量进行直接或间接测量,并将其与生物量中所含碳百分量(含碳率 CF)相乘,从而推算出固碳量的一种方法。它包括平均生物量法、平均换算因子法及换算因子连续函数法。在进行计算时,将优先采用本地的参数和国际上最新的参考值;若没有相应的参数值,将会选择政府间气候变化专门委员会(Intergovernmental Panel on Climate Change,IPCC)的参考值。

张志堂(2017)利用森林碳储量的计算方法和绿地资料,结合实地调查数据,估算了上海典型绿地康健园的碳储量。李虹谕等(2022)采用 IPCC 等国际组织以及世界各国普遍采用的碳储量估算方法,总结了中国整体及各省份的碳储量现状,并估算了中国不同林种、林分起源和龄组的碳储量。陈红林等(2009)利用湖北省 1999 年森林资源二类调查成果主要数据,采用换算因子连续函数法对湖北省森林的生物量和碳储量进行了推算,并对整个湖北省森林碳汇的经济价值进行了估算。

4.1.2 蓄积量扩展法

蓄积量扩展法是一种碳估算方法,其具体原理是,对森林主要树种进行抽样并实测,求得主要树种的平均容重(t/m^3),利用森林蓄积量数据求得生物量,再利用碳质量与生物量之间的转换系数求得森林的固碳量。

张娟等(2021)基于蓄积量扩展法研究了 1978—2018 年福建省的森林碳储量,发现森林碳储量呈现出不断增加的趋势。石小亮等(2015)利用该方法对 2009—2013 年北京市森林碳汇量进行了研究,发现人工林的碳储量增速要高于天然林。张吉统等(2022)运用该方法测算了 2007—2017 年云南省的森林碳汇量,并采用市场价值法对森林碳汇经济价值进行了评估。结果表明,云南省森林碳汇量持续稳定增加,经济价值也随之不断增长,具有发展森林碳汇的巨大潜力。黄敏云(2022)运用该方法对 1999—2018 年内蒙古的森林碳汇总量及乔木林碳储量进行了核算,发现内蒙古的森林面积、森林覆盖率、森林蓄积量、活立木蓄积量呈增长趋势。

4.1.3 遥感估算法

遥感估算法是以遥感技术为基础,来获取各种植被状态参数,并与地面调查相结合,通过对植被的空间分类和时间序列进行分析,计算森林生态系统的生物量分布。在遥感估算法的应用中,常用的数据分析方法是回归分析,该方法主要以样地森林地上生物量为因变量,以遥感光谱信息、植被指数和纹理特征为自变量,通过回归分析估算研究区的森林地上生物量,并根据含碳系数换算得到碳储量。

殷利华等(2020)通过遥感图像处理平台(The Environment for Visualizing Images,ENVI)与GIS软件,结合施工图与现场抽样调研获得武汉园博园场地基础信息,对园区植被、土壤与水体分别评测。殷炜达等(2022)以北京市海淀区五环内城市绿地为例,以高分二号遥感数据为信息源,在公园绿地、防护绿地、附属绿地、区域绿地4类绿地中分层抽取139个样地进行碳储量估算研究。研究发现,各类样地碳储量值及归一化植被指数(NDVI)均存在显著差异,通过回归分析构建了4类绿地NDVI与碳储量的拟合模型,并另选40个检验样地,通过人工识别的碳储量数据检验回归模型的合理性,构建完善的城市绿地碳储量估算系统。

4.2 森林碳汇与树种固碳能力

不同物种和林分的固碳能力因其所处的森林生态系统差异而受到影响,这些影响主要来自地理位置、气候、土壤和植被组成等因素,从而导致显著的固碳能力差异。大岭山森林公园中的木荷、桉树、相思、南洋楹等速生阔叶树种具有较高的固碳能力,相比之下,东莞当地的慢生树种、经济林及针叶林则具有较低的固碳能力(赖广梅,2010)。

林玮等(2020)对广东省东江林场11年生的乔木树种进行了研究,结果表明:不同树种、不同科及不同类型的含碳量差异均达极显著水平;在同一树种内部,不同部位的含碳量从高到低依次是主干、侧枝、树皮、树叶;不同树种的含碳量从高到低依次是常绿针叶树、常绿阔叶树、落叶阔叶树;小叶竹柏、马尾松、长叶竹柏、灰木莲等12个树种为高含碳量树种;筛选出了灰木莲、厚荚相思、马尾松等8个可在华南南亚热带地区广泛应用的优良碳汇树种。在湖北省范围内,较适合的碳汇树种为银杏、栓皮栎、枫香、黄连木、樟树;对于石灰岩山地或碱性土壤,较适合的碳汇树种为柏木、圆柏;在平原和山区沟谷地带,较适合的碳汇树种为枫杨;在湖北西部高海拔地区,较适合的碳汇树种为铁坚油杉、油杉。同时,还应根据湖北省鄂东北、鄂东南、鄂西南、鄂西北和江汉平原5个区域具体的地形地貌,分区域选择合适的碳汇树种,做到因地制宜、适地适树,发挥树种的最大价值。

5 讨论与结论

森林生态系统具有较高的生物量、固碳量和净生产力,研究森林碳汇及培育碳汇林有助于推进中国森林生态服务市场化进程。将森林碳汇研究理论应用于实践,能够实现对全球碳汇规模的监控,进而保障国家生态安全和人类经济社会可持续发展。2020—2050 年是我国实现"双碳"目标的重要战略机遇期,提升森林碳汇预测能力是落实和调整相关政策的重要基础。进一步提升森林生态系统碳汇及其服务功能评估和预测能力刻不容缓。

首先,对森林碳汇的测量和评估能够为我们更准确地认识森林在吸收 CO_2 方面的作用提供基础数据。在进行森林碳汇评估时,需综合考虑不同森林类型、地区、生长阶段对 CO_2 吸收的影响,同时,也要重点考虑森林所释放的 CO_2 和人类活动对森林的影响等因素。这些评估结果可为生态保护部门及相关机构制定更科学的政策提供依据,同时也为各国减缓气候变化提供了更有力的理论支撑和实践经验。

其次,森林碳汇的研究具有重要的现实意义。在全球变暖的严峻形势下,森林碳汇被视为减缓 CO_2 排放、应对气候变化的一个重要手段。考虑到碳汇的潜力和森林的重要性,各国政府开始在水土保持、生态建设、生态保护和生态旅游等方面加大投资。在此过程中,国际合作与交流日益频繁,全球碳汇管理体系也逐渐形成。

最后,森林碳汇研究呼吁我们树立生态文明观念,促进人与自然和谐共生。当前,人类活动已对全球生态安全和可持续发展造成了巨大影响,部分地区生态环境破坏严重,难以逆转。因此,在森林碳汇的保护与管理方面,我们应该坚持走生态文明的道路,不断推进生态工程建设和生态保护措施,充分实现森林碳汇的生态、社会和经济效益,构建生态环境友好型社会,推动人与自然和谐共生。

综上所述,森林碳汇研究对于指导实践和规划未来战略意义重大,能为各国政府提供多角度的发展战略。无论是通过比较不同树种的固碳能力,筛选优异固碳树种,还是进行碳汇计量与评估,都对于深入评价固碳效果至关重要。开展碳汇造林，可提高森林单位面积碳储量，提升碳汇效应，为实现"低碳"发展目标下的森林可持续发展提供重要的技术支持。

参考文献

陈红林，何芳，2009.湖北森林碳汇量初步估算[C]//中国林学会.第二届中国林业学术大会——S10林业与气候变化论文集:105-109.

董方晓，2010.对我国森林碳汇量的估算与分析:以辽宁省森林资源为例[J].林业经济(9):54-57.

付玉杰，田地，侯正阳，等，2022.全球森林碳汇功能评估研究进展[J].北京林业大学学报，44(10):1-10.

郭诗宇，王可民，彭昌长，等，2020.基于古树自然分布的碳汇树种选择研究[J].湖北林业科技，49(4):37-41.

胡会峰，刘国华，2006.中国天然林保护工程的固碳能力估算[J].生态学报，26(1):291-296.

黄敏云，2022.基于内蒙古森林碳汇核算的生态补偿机制分析[D].呼和浩特:内蒙古大学.

赖广梅，2010.大岭山城市森林公园在东莞低碳城市建设中的碳汇能力[J].林业资源管理(3):34-38.

李虹谕，杨会侠，丁国权，等，2022.中国森林碳储量分析[J].林业科技通讯(12):29-32.

林玮，白青松，陈雪梅，等，2020.华南主要造林树种碳汇能力评价体系构建及优良碳汇树种筛选[J].西南林业大学学报(自然科学)，40(1):28-37.

令狐大智，罗溪，朱帮助，2022.森林碳汇测算及固碳影响因素研究进展[J].广西大学学报(哲学社会科学版)，44(3):142-155.

石小亮，陈珂，鲁晨曦，2015.中国森林碳汇服务价值评价[J].中南林业科技大学学报(社会科学版)，9(5):27-33.

石小亮，张颖，韩争伟，2014.森林碳汇计量方法研究综述——基于北京市的选择[J].林业经济，36(11):44-49.

徐耀粘，江明喜，2015.森林碳库特征及驱动因子分析研究进展[J].生态学报，35(3):926-933.

姚仁福,边文燕,范宏琳,等,2021.中国省域森林碳汇效率演进分析[J].林业经济问题,41(1):51-59.

殷利华,杭天,徐亚如,2020.武汉园博园蓝绿空间碳汇绩效研究[J].南方建筑(3):41-48.

殷炜达,苏俊伊,许卓亚,等,2022.基于遥感技术的城市绿地碳储量估算应用[J].风景园林,29(5):24-30.

张吉统,麦强盛,2022.云南省森林碳汇经济价值评估研究[J].绿色科技,24(17):264-268.

张娟,陈钦,2021.森林碳汇经济价值评估研究——以福建省为例[J].西南大学学报(自然科学版),43(5):121-128.

张颖,吴丽莉,苏帆,等,2010.我国森林碳汇核算的计量模型研究[J].北京林业大学学报,32(2):194-200.

张志堂,2017.上海城市典型绿地的碳汇估算[J].绿色科技(15):60-62.

朱梅钰,龙飞,祁慧博,等,2021.基于行业减排的森林碳汇需求空间测度与分类[J].浙江农林大学学报,38(2):377.

林业生态文明建设与绿色高质量发展研究

基于近自然理念的流域综合治理林业方案实施对策

郭诗宇[1]

(1.湖北生态工程职业技术学院,湖北武汉,430200)

摘 要:流域综合治理和统筹发展规划纲要林业方案的实施是一项综合的系统工程,必须基于近自然的理念,因地因时制宜、分区分类施策,综合运用自然恢复和人工修复的手段,统筹自然和人工的力量,逐步使自然生态系统达到平衡。本文阐述了近自然理念的产生及核心内容、推进林业方案实施的总体思路与技术路线,并在加强宣传发动、完善支撑体系、多方筹措资金、强化组织领导等方面提出了建议,以期为流域综合治理林业行动提供参考和借鉴。

关键词:林业;流域综合治理;近自然理念;方案;对策

1 引 言

党的二十大报告提出:"尊重自然、顺应自然、保护自然,是全面建设社会主义现代化国家的内在要求。必须牢固树立和践行绿水青山就是金山银山的理念,站在人与自然和谐共生的高度谋划发展。"2023年7月17日,习近平总书记在全国生态环境保护大会上指出:"自然生态系统是一个有机生命躯体,有其自身发展演化的客观规律,具有自我调节、自我净化、自我恢复的能力。治愈人类对大自然的伤害,首先,要充分尊重和顺应自然,给大自然休养生息足够的时间和空间,依靠自然的力量恢复生态系统平衡。""同时,自然恢复的局限和极限,对人工修复提出了更高的要求,也留下了积极作为的广阔天地。我们要把自然恢复和人工修复有机统一起来,因地因时制宜、分区分类施策,努力找到生态保护修复的最佳解决方案。""综合运用自然恢复和人工修复两种手段,持之以恒推进生态建设。"这些重要论述,为我省林业工作指明了方向、提供了遵循。

湖北省第十二次党代会确立了建设全国构建新发展格局先行区的目标任务,提出以流域综合治理为基础推动四化同步发展的实施路径。省委、省政府于2023年1月印发了《湖北省流域综合治理和统筹发展规划纲要》。为认真贯彻党的二十大精神和省第十二次党代会精神,落实好省委、省政府重要工作部署,省林业局谋定而动、应势而为,坚决扛起统筹发展和安全的政治责任,于2023年5月印发了《〈湖北省流域综合治理和统筹发展规划纲要〉林业实施方案》(以下简称林业方案)。林业方案统筹发展和安全,坚持底线思维和系统观念,严守生态安全底线,突出林水结合,以流域综合治理为基础,统筹源头区、上中游、左右岸的森林生态系统,以及湿地生态系统和生物多样性系统的治理,以推动高质量发展为主线,实施六大重点工程,完善五大支撑体系,助力"四化"同步发展。

林业方案的制定和印发实施,是认真贯彻省委、省政府关于全省流域综合治理重要决策部署的重要一步,但更为关键的是接下来各级林业部门如何进一步理清工作思路、细化工作目标、落实工作举措,切实抓好林业方案的落地实施,将流域治理林业行动置于全省经济社会发展大局之中,为湖北省建设全国构建新发展格局先行区贡献林业力量。本文基于近自然视角,以系统的观念对林业方案的实施对策进行初步探讨,以期为湖北省流域综合治理林业方案的实施提供参考和借鉴。

2 近自然理念的产生及其核心内容

近自然理念发源于德国。19世纪50至60年代,德国轻工业和重工业快速发展,特别是制盐业、纺织业、炼铁业、玻璃工业发展迅猛。随着工业化的不断推进,工业原料和建筑材料对木材的需求呈爆发式增长,造成了对森林资源的严重破坏。随着天然林和天然次生林越砍越少,德国的企业主们开始在采伐迹地上大面积种植生长快、干形好、产材量高的云杉针叶纯林。这一时期,德国林学家洪德斯哈根(J. C. Hundeshagen)的"法正林"学说,以及浮士德曼(M. Faustmann)的"土地纯收益理论",为德国以木材生产为主导的森林永续利用提供了理论指导,并推动了阔叶林地向针叶林地的转变。然而,大面积种植人工针叶纯林却使得风倒、雪折和森林病虫害频发,同时也造成了土壤的严重退化。针对这一问题,慕尼黑大学林学教授盖耶尔(K. Gayer)经过一系列实践性研究后,提出了林业近自然经营的理念。

他指出,森林具有多样性,如果忽略这一点而采用单一的森林经营模式,将潜藏巨大的风险。当前,这种只看经济利益的单一经营模式正在被广泛地使用,且有可能成为通用的森林经营模式,这种趋势是十分危险的。如果森林经营遵循这种以盈利为目的的单一模式,无疑是与自然规律相违背的,最终人类将因这一错误而使森林遭受严重破坏。他认为,森林工作者要根据立地条件和树种进行具体分析,采用灵活的、面向自然的森林经营方法,并对林地附近的区域进行良好的保护。他指出,以前人们只看到生产结果(木材产量),而没有关注到自然生态资源。现如今,人们依旧对生产结果尤为关注,却没有尽力保护森林生产区域的自然资源(土壤、水等)。人们总在寻找减少森林生产损失的办法,却未追溯到自然的根源,寻找正确的森林经营方法。因此,必须摒弃单一森林经营的老路,寻求新的方法,只有这样才能够实现可持续森林管理的总目标。只有以自然为导向的森林经营,即种植永久混交林并保护当地珍贵树种,才能给萎靡不振的森林注入活力。

近自然森林经营的核心观点可以归纳为以下 6 点:①保护林地的生产力,促进多样性,避免单一化。林地是林业发展的基础和前提,必须控制林地的水土流失,保持土壤的自肥能力,为森林的生长提供动力。②对连续几代繁衍的针叶纯林,应当通过种植和保护阔叶树种,形成适应林地环境的混交林。混交林有着更多的生物多样性和更高的生长量,同时更有利于生态系统的稳定性和可持续性。③在成熟林分中,要为森林树种的天然更新创造条件。只有在无法进行天然更新的地方才进行人工更新。④更新应在覆盖率较低的成熟林木的树冠下进行,避免皆伐作业。⑤通过采取与树种和立地条件相适应的营林措施,培育高质量的林分。⑥所有营林活动必须遵循自然规律,因地因林制宜,森林经营的方式不能千篇一律。

3 推进林业方案实施的总体思路与主要技术路线

3.1 总体思路

推进林业方案实施时,应秉持近自然理念和系统工程思想,统筹谋划,综合施策。总体思路如下:对流域内的国家一级公益林、健康湿地进行严格保护,让其休养生息,依靠自然的力量进行恢复;对国家二级公益林、省级公益林、商品林和破坏严重的湿地,采取人工修复与经营管理措施,引导其正向演替,加速生态恢复进程,并提升生态系统的完整性和可持续性;对人工经营的森林和林地,开展林下种植和林下养殖,同时将采伐的木材提供给林业企业进行加工,用于生产木制品和板材,如果有栎类采伐物,还可用于培育香菇、木耳、天麻等林产品。这样将自然恢复和人工修复紧密结合起来,既改善了流域的生态环境,也促进了流域地区经济发展。

3.2 技术路线

由于不同林地、不同湿地的技术路线存在差异,这里以栎类混乔矮林(其中实生树占比30%以下,萌生树占比70%以上)为例,阐述近自然经营的技术路线。

3.2.1 改造经营

对萌生栎类,每个伐桩保留最优质的1～2根萌条,其余的全部伐除。紧邻实生树的萌条,为不妨碍实生树的生长,需优先伐除。如果萌条的胸径大于5cm,则在国家采伐强度政策允许的范围内进行采伐,萌条可保留2根以上。对采伐后的林地,可采取清理地被物、点播橡子等方式,人工促进天然更新。对采伐下来的树木,可将其粉碎后用于制作食用菌袋料;对较大的树木主干,则可加工成木地板等林产品。5年后,隔蔸伐除50%树桩上的所有萌条,人工促进林地天然更新。再过5年,对所有树桩上的萌条全部伐除,并对林地内天然更新的树木幼苗进行抚育。在采伐的过程中,要保护天然更新的幼苗、小树不受伤害。

3.2.2 目标树经营

在改造经营结束5年后,或林分平均胸径达到10cm时,开始进行目标树经营(郭诗宇等,2023)。

(1)目标树选择与标注。在林分郁闭度达到0.8以上,林分平均胸径达到10cm以上时,开始选择目标树。一般将高价值、高质量、高活力的树木选作目标树。每两株目标树之间的距离,若是针叶纯林,则为7～8m;若是针阔混交林和阔叶混交林,则为8～9m。每亩种植目标树10～15株。目标树的标注方法是在树干离地面1.6m处用红油漆绕树干一周进行喷绘,并在树干离地面10cm以内

的位置用红油漆点上标识。

（2）干扰木选择与采伐。对影响目标树生长的树木标注为干扰木并进行采伐，同时砍除林分内的劣质木和影响树木生长的藤蔓。

（3）保护生物多样性。对于有鸟巢或动物巢穴的树木，不作为采伐木；适当保留林内枯木，为微生物及小动物提供栖息环境和食物来源；采伐时要选择好倒向，尽量不要伤害到目标树和林内天然更新的树木幼苗。

3.2.3 可持续经营

在第一次目标树经营之后，每隔5~10年，再进行一次目标树经营。应尽量缩短施工间隔期，降低采伐强度，以免破坏林分的稳定性。在经营过程中，要注意保护天然更新的幼苗。在天然更新有困难的地方，要通过人工措施促进天然更新；对无法完成天然更新的地块，要进行人工植苗。要注意培育潜在目标树，为下一代的目标树选择做好储备。潜在目标树一般选择实生起源、长势良好的本土阔叶树种或珍贵树种（侯元兆等，2017）。

3.2.4 恒续林构建

通过多次施工，当目标树的胸径达到目标胸径后，开始进行收获性择伐。收获性择伐一般分批次进行。在进行第一次收获性择伐的同时，开始新一代目标树标注和目标树经营。经过2~3代目标树经营，形成以恒续林为培育目标的复层异龄混交乔林。

在森林经营过程中，采伐的干扰木既为林业企业提供了加工原料，也可使森林经营者获得中间收入。如果采伐木是栎类，还可以培植香菇、木耳和天麻。这样，一是可以使森林更健康更充满活力，二是可以解决林业企业的原料问题，三是可以解决部分农民的就业问题，四是可以促进流域内经济发展，可谓一举多得。

4 加快推进林业方案实施的保障措施

林业方案的实施，是湖北省林业建设的一件大事，同时也是湖北省转变林业发展思路、系统推进生态治理的一种新模式。为使林业方案顺利实施，现提出以下建议。

4.1 加强宣传发动,促进共治共享

实施林业方案,必须有流域内人民群众的共同参与,单靠林业部门的力量是远远不够的。要加强宣传,使人民群众充分认识林业在推进流域综合治理和统筹发展中不可替代的功能和作用,特别是林业在涵养水源、净化水质、调节气候、维护生物多样性等方面的生态功能;在提供绿色产品、调整产业结构、促进增收致富等方面的经济功能;在美化环境、游憩康养、促进就业等方面的社会功能;以及在推动构建江河安澜、山川灵秀、协调有序、美丽宜居的国土空间格局和绿色低碳循环发展方面的重要作用。通过人民群众的积极参与,加快流域综合治理步伐,为区域经济社会发展贡献林业力量。

4.2 完善支撑体系,强化科技赋能

要统筹林业科研力量,聚焦流域综合治理的重点领域和关键技术,开展协同攻关,特别是在困难立地造林、森林近自然经营、有害生物防治、森林防灭火等方面开展科技协同与难点攻关,并采取措施促进科技成果的转化与应用推广。要打造智慧林业一体化信息平台,推进林业大数据整合应用,完善林业生态感知体系建设,全面提升林业数字管理效能和支撑服务能力。要合理运用智能视频监控设备、无人机、激光雷达、互联网、物联网、卫星遥感等新技术、新设备,全面提升流域综合治理数据化、智能化、机械化和一体化水平,全面提高流域综合治理的工作效能。

4.3 多方筹措资金,增加要素投入

实施林业方案,必须多方筹集资金,强化要素保障。要充分发挥国家和省级工程项目的支撑作用,围绕流域综合治理建设需要,合理规划并积极争取中央和省级工程项目,并强化资金管理,提高使用效率。对现有的国家和省级工程项目及财政资金的使用,可以调整原先按行政区域划分的投资模式,改为以流域为单位进行投资。要充分发挥财政资金的撬动效应,加大招商引资力度,创新投融资机制,拓宽筹资渠道,广泛吸纳社会资本参与流域综合治理林业方案的实施。要

建立利益联结机制,完善"企业+基地+合作社+农户"等生产组织形式,让企业投资金,合作社和农户出林地,共建基地、共享收益。

4.4 切实加强领导,精心组织实施

要加强组织领导,强化部门协作,健全左右衔接、上下贯通、执行有力的组织体系,推动流域综合治理林业方案确定的发展目标、主要指标、重大工程项目有效落实落地。要充分发挥各级绿化委员会的作用,协调相关部门共同参与林业方案的实施。各级林业主管部门是实施流域综合治理林业方案的主责部门,要切实加大工作力度,加强清单化管理、项目化推进、常态化督办;交通、农业农村、教育等部门要根据绿化委员会的职责分工,配合抓好林业方案的实施。要通过多部门的协同配合,形成实施林业方案的合力,确保林业方案的实施取得实效。要开展林业方案实施动态监测与评估,将重大政策举措、重大任务、重大工程项目的实施成效纳入林长制督查考核。

参考文献

郭诗宇,胡伯特·福斯特,2023.目标树经营:德国经验与湖北实践[J].世界林业研究,34(2):14-20.

侯元兆,陈幸良,孙国吉,2017.栎类经营[M].北京:中国林业出版社.

习近平,2023.推进生态文明建设需要处理好几个重大关系[J].求是(22):4-7.

中共中央文献编辑委员会,2023.习近平著作选读[M].北京:人民出版社.

新发展理念下湖北省林业生态文明建设路径初探

张天铃[1,2]

(1.湖北省发展和改革委员会,湖北武汉,430000;
2.中国地质大学(武汉)经济管理学院,湖北武汉,430074)

摘　要:湖北省林业生态文明建设与绿色发展基础良好。充分发挥林业在生态文明建设中的主体作用,探索新发展理念下湖北省林业生态文明建设路径,破除林业生态文明建设的阻碍,首先,要推进湖北省"林业经济"发展新格局,大力发展湖北省林业经济高质量发展;其次,要加快林业生态价值转化,积极试行GEP核算,推动生态文明与共同富裕协调发展;最后,要构建多样化林业产业发展体系,大力推进人与自然和谐共生的林业新业态。

关键词:林业生态文明;新发展理念;生态价值转化;绿色发展

生态文明建设与绿色发展是新时代的主旋律,林业是生态文明与绿色发展的主战场。生态文明建设是关系人民福祉、关系民族未来的大计,绿色经济是世界经济发展的主要趋势。大力发展绿色林业经济是实现社会进步、促进经济转型中的重要环节。在生态文明背景下,我国绿色林业经济的发展具有重要的战略意义。林业生态文明建设是指从生态和文明的角度出发,全面落实生态环境保护、系统建设工作,将生态与人类社会相结合,在人类社会共同发挥积极作用的基础上,合力建设包括人在内的生态文明,促使人类社会与生态环境形成一个有机整体,在促进生态目标实现的同时,助力人类社会可持续发展目标实现。

1 新发展理念下的林业生态文明

林业生态文明建设与绿色发展意义重大,林草兴则生态兴,生态兴则文明兴。党的十八大以来,以习近平同志为核心的党中央站在中华民族永续发展的战略高度,大力推动生态文明理论创新、实践创新和制度创新,坚持山水林田湖草沙一体化保护和系统治理,健全生态保护制度体系,推动天然林保护、国土绿化,加强水土流失和荒漠化治理,创造了举世瞩目的生态奇迹和绿色发展奇迹。充分发挥林业在生态文明建设中的主体作用,首先要把握林业与生态文明间的关系。

林业是生态文明建设的重要基础。林业生态文明建设的主体在于林业资源,林业资源是生态文明建设体系的重要组成部分,也是人类生产、生活物质资料的重要来源。林业是生态建设和保护的主体,承担着保护自然生态系统的重大职责。党的十八大要求加大自然生态系统和环境保护力度,实施重大生态修复工程,推进荒漠化、石漠化、水土流失综合治理,扩大森林、湖泊、湿地面积,保护生物多样性。这些都是林业部门的重要职责和任务。地球上的陆地生态系统主要包括森林、湿地、荒漠、农田、草原和城市6个子系统。森林是陆地生态系统的主体,占陆地生物量的90%以上,处于主导和支撑地位。

林业是生态价值转化的重要阵地。"生态产品"是党的十八大报告提出的新概念,是生态文明建设的核心,报告中强调要增强生态产品生产能力。生态产品与精神产品、文化产品相区别,具有产品的一般属性,如经过生产而得、具备有用性、可经交换而成为商品等。和其他产品一样,生态产品的运动规律主要体现为供给与需求之间的矛盾。党的十九届五中全会把坚持新发展理念作为"十四五"经济社会发展必须遵循的原则,要求把新发展理念贯穿发展全过程和各领域,构建新发展格局,切实转变发展方式,推动质量变革、效率变革、动力变革,实现更高质量、更有效率、更加公平、更可持续、更为安全的发展。在林业领域贯彻新发展理念,是以创新发展、协调发展、绿色发展、开放发展、共享发展理念为指导,引领和推动林业生态文明建设。森林、草原等生态系统具有固碳释氧等重要生态服务功能,在应对气候变化方面发挥着独特作用。提高我国森林、草原生态系统的质量和稳定性,对于应对气候变化具有重大意义。在新发展阶段推进林草高质量发展,仅依靠政策扶持与转移支付难以解决实际问题,同时,一些旧发展模式长期积累的矛盾也日益凸显,需要付出巨大努力才能解决。平衡生态保护与高质量发展之间的关系,需要以新发展理念为指导,充分发挥森林和草原在维护国家生态安全中的基础性和战略性作用,并加强现代林草业建设。这不仅是新时代生态文明建设的主要任务,也是建设人与自然和谐共生现代化的基础性工程。

2　湖北省林业生态文明现状

湖北林业生态文明建设与绿色发展基础良好。

一方面,湖北省森林类型多样,自然资源丰富,生态环境良好。根据最新森林资源二类清查数据结果,全省林地面积937.97万hm^2（$1hm^2=10\,000m^2$）,其中长江流域林地面积388.83万hm^2,汉江流域林地面积326.26万hm^2,清江流域林地面积222.88万hm^2。森林面积736.27万hm^2,森林覆盖率达到了48.11%,森林绿化率达53.24%。湖北省拥有丰富的维管植物资源,共计243科1466属6177种,有国家重点保护野生植物50种、国家重点保护野生动物258种,这些资源为发展森林生态多样性提供了宝贵的种质基因库。同时,湖北湿地资源众多,素有"千湖之省"的美誉,湿地面积174.69万hm^2,其中长江流域湿地面积120.17万hm^2,汉江流域湿地面积49.44万hm^2,清江流域湿地面积5.08万hm^2。全省林地主要集中在十堰、恩施、宜昌等山区和丘陵地带,这些地区的林地面积占全省林地总面积的55.45%。目前,全省建有自然保护区32个,其中国家级自然保护区22个。此外,还有226个国有林场和95个森林公园（其中37个为国家森林公园）,这些均为湖北省未来发展森林康养产业奠定了坚实的物质基础。截至2023年底,湖北省已建成175个国家级森林康养基地,数量位居全国前三。森林旅游康养产业产值超千亿元,促进了林农增收和区域经济发展。

另一方面,湖北林业经济发展基础良好。《湖北省森林生态系统服务功能评估报告》显示,2019年全省森林生态系统提供的生态服务价值为7890.25亿元,平均每公顷森林生态服务价值为8.82万元/年,湖北居民人均可享受森林生态服务价值为13.7万元。《湖北省森林产业发展情况报告》显示,2019年湖北省森林旅游与森林康养产业接待游客1958.75万人次,实现收入96.26亿元,直接带

动餐饮、住宿、交通等其他产业创收106.21亿元。

然而,湖北林业生态文明建设与绿色发展也存在一些需要正视的问题,如基础设施不完善、专业人才短缺等。《湖北省大健康产业发展"十四五"规划》指出,要向社会提供多层次、多种类、高质量的森林康养服务,不断满足人民日益增长的美好生活需要。《湖北省林业发展"十四五"规划》提出,到2025年,全省森林覆盖率达到42.5%,森林蓄积量达到4.9亿m^3,湿地保护率达到55%,林业产业总产值达到5500亿元。因此,大力发展林业经济,推进林业生态文明建设,需要进一步将生态优势转化为经济优势能力,实现林业生态文明与共同富裕协调发展。

3 湖北省林业生态文明新发展路径初探

3.1 推进湖北省林业经济发展新格局

林业对生态环境的影响具有较强的正外部性,但是在无人为干预的情况下,其生态效益难以充分实现,导致林业资源的供给量远远不能满足社会需求,进而制约了林业生态建设的发展。发展林业经济是林业生态文明建设的前提与基石。林业经济主要是通过市场经济手段,保护森林资源,改善林业生态环境,直接或间接创造收入的经济运行过程。一方面,林业资源珍贵且稀缺,是可以资本化的生态资产;另一方面,林业生态资源因其潜在的经济价值和生态服务功能,可以通过合理的经营和管理,预期在未来产生稳定的现金流,进而转化为林业生态经济,然后投放市场以获取经济效益,实现林业经济发展。马克思的资源价值理论指出,人们不断追求的是"具有自然基础"的剩余价值,即自然条件作为自然界限,对剩余劳动产生影响。林业经济发展主要以资源价值理论、外部性理论和林业产权理论为指导,将具有生态环境价值和生态系统市场价值的林业生态资源转化为生态产品,进而直接通过市场交易实现其价值。同时,通过优化生态资产配置、融合绿色产业、运用金融市场工具等手段,实现生态资源的增值。林业经济发展建立在明确林业资源产权的前提之上。利用科学技术,整合林业生态资源,将其包装成具体的生态产品,然后进入贸易市场,可实现资源的货币价值。

从林业经济的发展途径来看，其发展方式可以细分为直接市场交易（如林产品的交易）、许可交易（如碳排放配额的转让）、逆向拍卖（如森林资源的竞示）、基于科斯定理的交易（如林业经营权交易）、价格变动调节机制（如通过生态税来调节市场价格）和自愿价格信号机制（如通过森林认证、有机农业标签等方式提升产品价值）。应依据林业的规模与类型差异，选择适宜的林业经济发展路径，为林业生态文明建设提供有力支持。

3.2 加快林业生态价值转化

生态价值转化是生态效益市场化的有益尝试，也是林业生态文明建设中的重要一环，完善管理体制，积极试行 GEP 核算是必要的。自党的十八大以来，国家陆续出台相关政策，推动生态产品价值实现。2020 年，习近平总书记在全面推动长江经济带发展座谈会上指出："要加快建立生态产品价值实现机制，让保护修复生态环境获得合理回报，让破坏生态环境付出相应代价"。目前，生态产品价值实现仍然面临着认识不统一、经济外部性困境尚未破解、缺乏地区生态系统特色、缺乏系统性政策指导等问题。生态产品价值实现的关键，是要推动生态产品的外部经济性内部化，使生态产品的价值在市场中能够得到有效体现。机制创新成为生态产品价值实现的核心要义。当下湖北面临着经济发展与生态产品供给不匹配、生态产品供给与需求不匹配等区域发展不协调问题。"绿水青山就是金山银山"，如何将自然生态优势转化为经济社会优势，是我们需要积极探索的问题。为此，我们需要构建一条政府主导、企业和社会各界参与、市场化运作、可持续的生态产品价值实现路径。这要求我们精准地识别地区生态系统和生态产品供给特征。生态产品具有多样性，包括水资源产品、林木资源产品、草原资源产品等，它们既具有使用价值，也包含非使用价值，如生态价值、经济价值、社会价值、政治价值与伦理价值。在评估生态系统生产总值（GEP）时，我们需要注意以下几点：一是核算生态产品的使用价值，包括直接使用价值和间接使用价值，而通常不核算生态产品的非使用价值；二是核算最终生态产品的价值，而不包括中间生态产品的价值；三是在核算生态产品功能量的基础上进行价值量的核算。因此，我们需要把握湖北省林业生态发展特征，提炼并构建具有湖北特点的生态产品价值实现体系。在新发展阶段，湖北省应贯彻新发展理念，践行"绿水青山就是金山银山"的发展理念，坚持生态优先与绿色发展，大力推进生态文明建设,更加重视生态产品价值实现,将丰富的生态资源优势转化为发展优势。

3.3 构建多样化林业产业发展体系

目前我国林业产业结构主要集中在第一产业与第二产业,而第三产业发展较为迟缓。为了加快现代林业与生态文明建设的协调性发展,林业部门必须要对林业发展模式进行革新,加快推进林业转型升级,合理利用林业资源,科学规划林业发展路径,通过租赁、特许经营等方式发展森林旅游,开展生态旅游资源经营权的市场化运作。近年来,森林旅游、森林康养、林业研学基地等新兴业态在林业领域迅速崛起。在大力推进生态文明建设的背景下,这些体现人与自然和谐共生关系的林业新业态模式得到了广泛推广。森林旅游、森林康养、研学基地等如雨后春笋般涌现,充分反映了林业产业新型业态应运而生的必然性和必要性。为了将生态优势转化为经济优势和社会财富,我们需要通过对自然资源资产产权的安排、流通和有偿使用,实施激励政策,以维护自然资源,并使其增值。同时,发展特许经营,鼓励当地居民、社区、社会组织和企业参与生态保护。在此基础上,我们需要进一步确定业态发展模式,制定业态规范与标准,培育业态人力资源,强化资源供给,形成庞大的产业集群和市场主体,以激发产业间的跨界耦合作用,实现集群联动,形成产业链和市场链。通过对林农的森林资源产权进行有效划分,根据森林资源基础以及当地林农的意愿,让其自主地对森林资源进行保护和经营;也可以采用集体的方式,扩大森林游览区的服务层次,加快相关设施的建设,在保护森林资源的基础上,努力提升景区服务水平,打造良好的景区品牌,将研学发展模式与自然博物馆等旅游形式结合到自然保护区绿色经济发展当中。此外,应深入挖掘森林旅游产品的可持续发展优势,发展森林民俗旅游,生态度假旅游等多种形式的旅游方式;依托森林自然风光,吸引游客,扩大旅游规模,提升经济效益。

参考文献

陈建成,程宝栋,印中华,2008.生态文明与中国林业可持续发展研究[J].中国人口·资源与环境,18(4):139-142.

马帅,杨土苗,乌日娜,等,2023.生态文明建设背景下现代林业发展策略研究[J].河北农业(6):30-32.

宋维明,2020.关于森林康养产业发展必然性与路径的思考[J].林业经济,42(1):3-8.

魏远竹,朱永法,2001.产业结构调整与林业经济增长方式转变[J].北京林业大学学报,23(1):72-75.

FANG Q S, LI H X, 2021. The concept delimitation, the value realization process, and the realization path of the capitalization of forest ecological resources[J]. Natural Resources Forum, 45(4):424-440.

WEINS N W, ZHU A L, QIAN J, et al., 2023. Ecological civilization in the making: the'construction'of China's climate-forestry nexus[J]. Environmental Sociology, 9(1):6-19.

省域内森林生态价值横向补偿机制研究与政策实现——以湖北省为例

顿春垚[1],曾勇[1],李春霖[1],李双龙[1],万松胜[1]

(1.恩施土家族苗族自治州林业科学研究院,湖北恩施,445000)

摘 要:本文在经济结构调整和绿色经济增长模式构建的大背景下,聚焦于森林生态系统在中国特别是湖北省碳中和目标中的关键作用,考虑到森林生态系统占有者保护生态和经济社会发展之间的矛盾,以及中国政府减少二氧化碳排放和实现碳中和的承诺,探析了建立森林生态横向补偿机制的必要性和面临的挑战。为解决森林生态效益计量难题和建立公平的交易机制,本文通过综合评估包括生态产品流动性、森林碳汇量和碳排放量在内的各项指标,提出基于单位面积森林蓄积量的横向补偿模型,并构建了一个适用于湖北省不同地市间的横向补偿虚拟模型,为湖北省乃至更广泛区域借助森林生态价值横向补偿实现碳中和目标提供了可行路径。

关键词:森林生态系统;碳中和;生态补偿;横向补偿机制;湖北省

1 背 景

森林是最大的陆地生态系统,也是陆地生态系统中最大的生态产品生产者。在世界经济格局和我国自身产业格局调整的大前提下,为探索建设绿色经济增长模式,必须加大对森林生态系统的保护与管理,由此引申出了森林生态系统占有者保护生态系统与经济社会发展的矛盾。2020年,国家主席习近平在第七十五届联合国一般性辩论时宣布,中国"二氧化碳排放力争于2030年前达到峰值,努力争取2060年前实现碳中和"。同年12月,习近平主席在气候雄心峰会上进一步提出,到 2030 年,中国单位国内生产总值二氧化碳排放将比 2005 年下降 65%以上,森林蓄积量将比 2005 年增加 60 亿 m³。我国"碳达峰、碳中和"的发展需求,亟须有相应的生态补偿机制作为补充支撑。经过多年发展,我国实际上已经形成了按区域划分的不同经济社会发展空间布局,由生态功能区向经济发展区提供的生态产品理应得到相应补偿。

1.1 森林生态横向补偿面临的困难

目前国内关于森林生态横向补偿的研究较少,其难点主要在于森林生态系统的生态效益难以计量。一些研究认为,由于我国森林生态系统复杂多样,对碳汇、保持土壤、蓄水、吸纳污染物、保育生物多样性等生态效益的计量测算工作量极大。一些研究者采用森林生态连清体系和当量因子指标相结合的评估方法,对保持土壤、固持林木养分、涵养水源、固碳释氧和净化大气环境 5 个功能 17 项指标进行物质量和价值量评估(涂宏涛等,2023),分析不同森林植被类型、乔木林中不同龄组及林种的生态系统服务功能价值。这种方法主要基于大空间尺度和宏观数据进行评价,因此在精确性方面存在一定的局限性。一些研究借鉴生态功能服务价值理论和研究方法,依据《森林生态系统服务功能评估规范》(GB/T38582—2020),对特定地点的特定林种进行了生态价值评估。这些研究方法在森林生态价值评估上进行了许多有益的探索,但对于生态产品流动性问题的探索尚存在不足。

同时,森林生态横向补偿机制存在交易难的问题,由于生态补偿的建立必须同时考虑地区间的居民权利、经济社会发展现状、生态产品消耗量、生态产品生产量、生态产品流动性、居民接受度等问题,因此建立一套公平、便捷、可行性强的森林生态横向补偿机制困难重重。在生态横向补偿领域,目前水资源的生态横向补偿机制研究较多。一些学者以黄河流域为研究区,基于成本法度量黄河流域水资源生态补偿标准的下限,基于生态服务价值评估法度量黄河流域水资源生态补偿标准的上限。一些学者建立了基于水资源价值流的跨多区域横向生态补偿标准测算模型,以及水资源保护产生价值的运移传递关系矩阵,计算多区域间的补偿标准,并对东江流域各区域逐级进行生态补偿标准测算。水资源横向生态补偿机制领域已构建科学合理的赋值与区分体系,因此在构建过程中易于进行赋值与区分,而森林生态系统的生态产品流向尚需大量研究方可明确,这成为构建森林生态产品可交易体系的最大难点。

1.2 国际上建立森林生态横向补偿机制的实践

国际上关于森林生态补偿的研究较多,美国基于这些研究制定了保护性退耕政策,并积极推动森林公共服务利用。同时以欧美为主的森林产品认证制度也作为政策补充,引导市场形成补偿机制。德国的生态横向补偿机制最为完善,由专业机构对建设项目占用的自然资源及损毁的景观进行综合评估和分析,提出生态补偿要求,并将评价结果作为生态补偿依据(王尉骅等,2023);采取赋值—补偿的机制引导各个区域进行补偿,实施对相关利益者直接补偿、征收生态补偿税、实施区域转移支付等财税激励政策。巴西对私有林的森林覆盖率有要求,同时允许覆盖率未达标的林场主通过购买森林面积以达到规定要求,这也直接形成了市场主体间的生态横向补偿。综合来看,国际上与森林生态系统有关的横向补偿机制具有较强的政策性倾向,同样存在计量准确度不高的问题。

2 湖北省域内森林生态效益产出与消耗

目前国内尚未建立统一的生态效益价值评估方法,多数地区采用国家标准《森林生态系统服务功能评估规范》(GBT38582—2020)中的方法进行相关评估。该方法将生态效益分为支持服务、供给服务、文化服务、调节服务 4 个方面,同时以行政区域为一级测算单元,测算程序较为复杂。为直观地对比湖北省域内不同行政区域的生态效益产出与消耗量,本文以碳汇和碳排放量为主要参考指标进行论证。

森林碳汇量是指不同测量时期内森林固碳量的变化情况。本文采取的是基于森林蓄积量与林地面积数据进行运算的蓄积量法(kaya 恒等式)(袁立嘉等,2016)。具体的核算模型为:

$$C = CD + CL + CR + CGP + CE \tag{1}$$

式(1)中:C 为森林的总固碳量(t);CD 为立木的固碳量(t);CL 为枝叶的固碳量(t);CR 为树桩和根部的固碳量(t);CGP 为地被植物的固碳量(t);CE 为森林土壤的固碳量(t)。

根据湖北省林业科学研究院相关研究(付甜等,2019),该模型参数化后可简化为：
$$C=0.36V+78.8S \qquad (2)$$

式(2)中：C 为森林的总固碳量(t)；V 为活立木的积蓄量(m^3)；S 为森林面积(m^2)。

根据式(2)和各地市(州)统计报告，对各地市(州)碳汇量进行测算，2020年全省主要市(州)级行政区固碳量如表1所示(仙桃市、天门市、潜江市虽属省直辖，但体量较小，故不纳入对比计算；神农架林区为特殊的生态功能区，也不纳入对比计算)。从测算数据来看，截至2020年，恩施州是全省固碳总量(即碳储量)最大的行政区域，占到了全省森林固碳总量的21.91%。

表1 2020年全省主要市(州)级行政区固碳量

市(州)	森林面积（hm^2）	森林蓄积量（m^3）	单位蓄积量（m^3/hm^2）	2020年固碳量（万t）
武汉市	89 771.00	5 033 090.00	57.99	888.59
黄石市	117 860.00	5 068 594.00	52.50	1 111.22
十堰市	1 421 977.00	91 282 242.00	64.58	14 491.34
宜昌市	1 238 810.00	77 793 044.00	62.87	12 562.37
襄阳市	825 724.00	50 353 329.00	61.34	8 319.42
鄂州市	14 206.00	841 872.00	62.17	142.25
荆门市	364 329.00	23 422 735.00	65.68	3 714.13
孝感市	136 142.00	7 588 353.00	60.24	1 345.98
荆州市	88 780.00	4 833 100.00	57.34	873.58
黄冈市	674 676.00	41 784 812.00	66.55	6 820.70
咸宁市	485 038.00	20 156 771.00	50.08	4 547.74
随州市	439 894.00	22 684 456.00	52.08	4 283.01
恩施州	1 619 177.00	106 290 126.00	65.77	16 585.56
合计				75 685.88

付甜等(2019)的相关测算已确定2016年相关地市(州)固碳量，两个时间段的固碳量差值即为此期间森林碳汇量，以此计算出2016—2020年全省主要市州碳汇量，如表2所示。从测算结果看，恩施州森林年碳汇量是全省最高的行政区

域,接近排名第二的十堰市的两倍。恩施州在全省碳增汇上作出了巨大贡献。

表 2 2016—2020 年全省主要地市(州)森林碳汇量

行政区域	2020 年固碳量（万 t）	2016 年固碳量（万 t）	年碳汇量（万 t/年）
武汉市	888.59	954.45	−16.47
黄石市	1 111.21	1 246.44	−33.81
十堰市	14 491.34	12 091.72	599.90
宜昌市	12 562.37	10 880.63	420.44
襄阳市	8 319.42	6 435.83	470.90
鄂州市	142.25	138.18	1.02
荆门市	3 714.13	3 193.56	130.14
孝感市	1 345.98	1 328.10	4.47
荆州市	873.58	1 268.76	−98.80
黄冈市	6 820.70	5 815.02	251.42
咸宁市	4 547.74	3 829.23	179.63
随州市	4 283.01	3 764.51	129.63
恩施州	16 585.56	12 135.23	1 112.58

各区域内对生态产品的消耗量计量更为复杂,因而对于生态效益的消耗量,本文也仅采用各个行政区域的碳排放量作为参考,采用《2006 年 IPCC 国家温室气体清单指南目录》进行计算。在计算过程中,所选取的排放因子涵盖了能源使用、工业过程和产品使用,以及牲畜和粪便管理这三类排放源,相关数据来源主要选取自各个区域《国民经济和社会发展统计公报》和相关部门公开数据。经测算,2020 年湖北省碳排放量为 9 267.65 万 t/年,省内部分市州碳排放(工业排放仅纳入水泥工业、钢铁工业)量如表 3 所示。

根据计算结果,恩施州在全省碳汇净增量中排名第一,其森林消纳了全省 12% 的碳排放量。由于恩施州执行严格的生态功能区管理政策,因而产生了大量的生态效益,这些效益不仅惠及了恩施州本地,还外溢到了全省范围,为湖北省实现碳达峰、碳中和目标提供了一定程度的保障。基于此,从公平原则出发,省内其他地市(州)有义务对恩施州外溢的生态效益进行补偿。

表3　2020年湖北省部分地市(州)碳排放量估算

行政区域	碳排放量(万 t/年)
武汉市	2 709.84
黄石市	923.58
十堰市	227.63
恩施州	132.07

3　湖北省域内森林生态效益横向补偿模型构建

森林生态横向补偿机制的建立是一项政府管理属性较强的制度性建设,它必须同时攻克两大难题:一是森林生态效益的准确计量,二是不同区域间生态效益的公平交易。根据研究结果,对全省各行政区域森林生态效益的产出和消耗进行准确计量存在极大困难。尽管通过碳汇计量可以初步估算生态效益的产出与分配情况,但碳汇仅是生态效益的一部分,其他生态效益的计量更为复杂且同样重要。此外,在实际操作中,对测算方法学的争议往往导致各行政区对排放量和消耗量的数据互不认可,这直接阻碍了横向补偿机制的有效实施。

为了兼顾公平原则并争取最广泛的认同,简化计量方式,在"森林面积、森林蓄积量、森林覆盖率等指标与生态效益呈现正相关"这一背景下,我们提出以单位面积森林蓄积量为基础的计量方法,并以此构建"源库流"结构的生态补偿机制。

在具体实施上,我们以地市(州)行政区域为基本单元,构建地市(州)间横向补偿虚拟模型。为确保测算的便捷性、公平性,以及考虑基本民生排放量,我们将森林面积与该面积内森林蓄积量作为主要参考因子,构建了以单位面积森林蓄积量为衡量标准的生态横向补偿机制。

4 政策包的设计与实施

4.1 明确横向补偿架构

省级层面统筹设立生态横向补偿协调机构,负责政策制定、监督实施,以及"生态效益库"的日常管理工作;地市(州)则负责本区域年度生态效益源的测算与归集,管理和利用从其他区域流入的生态效益。同时,省级层面还应配套建立生态效益补偿基金库,形成补偿基金"源库流"的反向回流。

4.2 设定补偿指标

以湖北省单位面积森林蓄积量全省平均值为基准点,低于该基准点的地市(州)需向生态效益补偿基金库存入补偿基金,而高于该基准点的地市(州)可从生态效益补偿基金库中提取补偿资金。存入与提取的标准均按照差值[各地市(州)单位面积森林蓄积量与全省基准点的差值]的绝对值与补偿参数值的乘积来确定。

4.3 模拟试算

以湖北省土地面积和2020年森林蓄积量为例,全省单位面积森林蓄积平均值为2232m³/km²,以此数据为基准点,对各地市(州)与基准点的差值进行计算,确定地市(州)是生态效益源单位还是补偿资金源单位,如表4所示。若确定每个差值点的存入补偿资金系数为200万元,则武汉市需向生态效益补偿基金库中存入基金3292万元。全省生态补偿基金库总额规模为1.6562亿元,则可将提取补偿资金系数设置为279万元,恩施州可从基金库中提取补偿资金6129.63万元。

表4 湖北省生态横向补偿参数模拟试算

行政区域	土地面积（km²）	森林蓄积量（m³）	单位面积森林蓄积量（m³/km²）	指数与全省平均值的差值
武汉市	8 594.00	5 033 090.00	586.00	−16.46
黄石市	4 600.00	5 068 594.00	1 102.00	−11.30
十堰市	23 600.00	91 282 242.00	3 868.00	16.36
宜昌市	21 000.00	77 793 044.00	3 704.00	14.72
襄阳市	19 700.00	50 353 329.00	2 556.00	3.24
鄂州市	1 594.00	841 872.00	528.00	−17.04
荆门市	12 400.00	23 422 735.00	1 889.00	−3.43
孝感市	8 910.00	7 588 353.00	852.00	−13.80
荆州市	14 100.00	4 833 100.00	343.00	−18.89
黄冈市	17 400.00	41 784 812.00	2 401.00	1.69
咸宁市	9 861.00	20 156 771.00	2 044.00	−1.88
随州市	9 636.00	22 684 456.00	2 354.00	1.22
恩施州	24 000.00	106 290 126.00	4 429.00	21.97
湖北省	185 900.00	415 000 000.00	2 230.00	20.00

5 结论与展望

构建生态横向补偿机制是促进生态功能公平化的重要举措,也是实现"两山"理念的有效手段。为了弥补生态功能区因大量生态效益外溢而导致的公正性缺失,有必要采取这一机制,对生态保护过程中失去的发展机会进行合理补偿。目前国内生态价值横向补偿研究与实践方兴未艾,需要继续细化相关研究,并积极推动相关工作的落实。

参考文献

付甜,潘磊,胡文杰,等,2019.湖北省区域碳排放强度和森林碳汇差异分析[J].林业调查规划,44(3):24-29+40.

涂宏涛,马国强,潘中平,等,2023.云南省2002—2017年森林生态系统服务功能价值评估[J].广西林业科学,52(1):23-30.

王尉骅,朱彩霞,秦涛,2023.生态产品价值实现模式国际比较与经验借鉴[J].农业经济(11):132-134.

严金明,2022.促进人与自然和谐共生的中国式现代化[J].中国人民大学学报,36(6):13-16.

袁立嘉,唐玉凤,伍格致,2016.湖南省碳排放强度与森林碳汇地域差异分析[J].中南林业科技大学学报,36(7):97-102.

关于高质量推进"宜荆荆恩"森林城市群建设的宜昌思考

王成峰[1], 赵莉[2], 余长蓉[1], 周红军[1], 冯敬华[1]

(1. 宜昌三峡大老岭自然保护区管理局, 湖北宜昌, 44300;
2. 宜昌市林业和园林局, 湖北宜昌, 443000)

摘 要: 森林城市群建设是指以森林为纽带和核心, 统筹规划具有相似地理气候特征的城市, 以系统的思想构建健康的城市生态系统与自然和谐的人居环境。森林城市群建设是当前解决区域城市生态问题的重要手段, 但目前我国发展进入了瓶颈期, 迫切需要新思路。本文从国家森林城市群创建的六大主要指标入手, 在客观分析"宜荆荆恩"森林城市群建设现状的基础上, 提出宜昌高质量推进森林城市群建设的路径。

关键词: 宜荆荆恩; 森林城市群; 建设; 思考

1 引 言

"宜荆荆恩"城市群位于湖北省中西部、长江上游与中游结合部, 包括宜昌市、荆州市、荆门市、恩施州4个地级城市。该城市群位于国家综合立体交通网"长三角——成渝主轴"和"二湛通道"的黄金十字交会处, 东临武汉城市圈, 西联重庆都市圈, 南接长株潭都市圈, 北靠襄阳都市圈, 具有"承东启西、转南接北"的区位优势。为建设中部绿色崛起先行区, 2021年11月湖北省政府印发的《湖北省生态环境保护"十四五"规划》提出"推进湖北长江和湖北汉江两大森林城市群建设", 要将"宜荆荆恩"城市群打造为长江经济带绿色发展和生态文明建设先行示范区。随后, 宜昌、荆州、荆门和恩施4市启动"宜荆荆恩"国家森林城市群建设工作,以推动城市群绿色高质量发展。经过近两年的实践和探索,这项工作已经取得了初步成效,但也暴露出一些亟待重视的问题。笔者从牵头城市宜昌的角度出发,就组织领导、顶层设计、核心指标等方面存在的差距与问题进行了一些探讨。

2 建设现状

2.1 生态安全情况

2.1.1 生态空间格局

从城市群蓝绿空间来看,蓝绿空间面积达到了 438.55 万 hm^2(余俏等,2022)。总体来看,城市群西部山区范围内已基本形成了分布均匀且连通性较好的蓝绿空间斑块,在建设中可考虑提升该区域蓝绿斑块的质量;城市群南部平原区的宜昌市东部区域(枝江市、猇亭区)内,面积在 $20\sim100hm^2$ 的蓝绿斑块空间布局较其他地区更为分散。此外,宜昌下辖的当阳市、猇亭区及枝江市,荆州市中除江陵县和荆州区外的其他区县,以及荆门市的沙洋县,这些地区面积在 $100hm^2$ 以上的蓝绿斑块分布较为分散,在建设中应考虑这些区域的蓝绿空间拓展。

2.1.2 环境污染态势

从城市群 2021 年空气质量综合指数空间分布情况来看,城市群空气质量状态整体呈现出自东向西逐渐变好的空间特征。从 65 条主要河流地表水环境来看,水质较好(Ⅰ~Ⅲ)的占 87.61%;水质较差的河流集中在荆门市及宜昌市的柏临河,在建设时要特别注重这些河流的生态修复。

2.1.3 自然灾害状况

从森林火灾来看,各地均建立和完善了相应的组织、监测和预防体系;从病虫害及物种入侵来看,林业有害生物防控体系建设不断完善,林业有害生物防治测报、无公害防治率、种苗产地检疫率均达到省定控制指标要求。而潜在风险主要是松材线虫,各地均有分布,因此需要从城市群尺度上开展病虫害的联防联控。从水土保持来看,2020年湖北省水土流失动态监测成果显示,城市群区域水土流失总面积为10 423.05 km²,占湖北省水土流失总面积的42.79%(湖北省水利厅,2020)。其中,恩施土家族苗族自治州(以下简称恩施州)水土流失面积占国土空间面积比例最大。因此,在城市群中开展以森林植被为主的水域流失治理要特别注意恩施州与宜昌城市区域的水土保持工程。

2.2 生态资源情况

2.2.1 森林资源

城市群范围内林地面积为37 398.32 km²,占城市群土地面积的52.37%。总体来说,"宜荆荆恩"城市群中的林地资源主要分布在山区,而平原区的林地资源相对较少。然而,在平原区域,竹林地和苗圃地占比较大。在各地大规模推进国土绿化的背景下,林地资源利用已经较为充分,城市群内的疏林地和迹地面积较小。因此,未来在城市群区域内,新造林地的潜力有限,应考虑在非林地上拓展绿色空间。

2.2.2 湿地资源

在宜昌市的平原区,以及荆州市和荆门市,湖泊及坑塘水面面积较大;而在宜昌市的山区和恩施州,湿地资源以河流水面为主。近年来,通过在该地区实施河湖长制等管理机制,以及拆围、退垸还湖、还湿等系列措施,湿地生态系统得到稳固。但是,从湿地生态系统的整体性及湿地生态环境质量方面考虑,还需要进一步改善。

2.3 生态产业情况

2.3.1 生态旅游产业

"宜荆荆恩"城市群四地山水相连,文化相通又各具特色,旅游资源丰富,区域内共有5A级景区7个、4A级景区47个。一方面,随着旅游市场需求的多元化,康养旅游、乡村旅游、自驾与房车游、户外运动等旅游新业态在不同城市不断涌现。这些新业态旅游项目尚处于探索发展阶段,因而在旅游产品上具有一定的相似性。另一方面,长江、清江、汉江、长湖等均为跨区域的河流与湖泊,但目前旅游开发呈现出碎片化的特点,缺乏必要的协同合作。

2.3.2 传统林业产业

"宜荆荆恩"城市群的林产业资源基础十分雄厚,传统林业的发展起步较早,已基本形成了包括林果、林药、林菌、林油、种苗花卉、茶叶及特色富硒产品在内的多元化林产体系,产业规模正在逐步扩大。然而,当前仍面临一些问题,如区域产业链开发格局较为零散、产品开发深度不足、加工水平较为初级等,这些问题限制了城市群优势的充分发挥。

2.4 生态文化情况

"宜荆荆恩"城市群拥有浓厚的文化底蕴,孕育了荆楚文化、三峡生态文化和土家生态文化。从现状来看,各领域在挖掘本地文化内涵与外延、研究开发与建设文化衍生产业方面均已达到较高的水平,但在深耕生态文化内涵上还有待进一步提升。

2.5 生态景观风貌情况

2.5.1 城区景观风貌

由于近年来持续开展城市园林绿化"增绿提质"行动,不同城市依托山形水系形成了各具特色的城区绿色空间格局。城区园林绿化资源总量有很大增长,但城市园林绿化品质还有待提高,城市自然景观特色还不够鲜明。特别是山区城市、城区周边山体景观有待改善,部分城市城区及周边山体植被破碎,林分结构简单,林相单一,降低了城市整体观感。

2.5.2 乡村景观风貌

近年来,各地通过开展国家森林乡村、全国生态文化村、省级森林城镇、省级绿色示范乡村等创建活动,使得乡镇和广大农村地区的人居环境得到了极大改善。然而,由于地形特点、自然条件和生产方式等的不同,乡村景观风貌呈现显著差异,乡村林木覆盖情况和绿化美化水平也不均衡。因此,在进一步塑造城市群地区美好乡村景观时,需要因地制宜,确定不同的侧重点。

2.6 生物家园情况

2.6.1 生态源地

"宜荆荆恩"城市群自然资源丰富,山水生态格局完善,已建设了包括自然保护区、森林自然公园、湿地自然公园、地质自然公园和风景名胜区在内的五大类共109处自然保护地。依托这些自然保护地形成的生态源地,为各类动植物提供了类型丰富、较为稳定的栖息地,有助于维持区域生物多样性。目前,城市群区域内90%以上的珍稀濒危野生动植物种群及栖息地得到了有效保护,种群数量和规模呈增长趋势。

2.6.2 生物廊道

目前城市群共识别出24条重要生态廊道,这些廊道的本底条件为森林、河流等,主要沿武陵山、大巴山等主要山脉和长江、清江等重要河流及其支流分布,以西北-东南向为主,空间分布较为均衡,能够串联起重要的生态源地,实现生态系统的互联互通,为动物迁徙提供贯穿的生境区域和迁徙通道,对维持"宜荆荆恩"城市群较高的生物多样性提供了生态载体。但从生态系统的整体性和连通性方面考虑,还存在断带断点、林分质量不高、物种单一、经济林占比较高,以及中幼林比例偏大等问题,难以发挥较强的生物廊道作用。

3 问题分析

3.1 从区域发展布局来看,城市连片发展趋势严重

随着我国转型迈入高质量发展的关键时期,城市群对区域发展的影响愈发显著,全国各地城市群发展也相继步入成熟阶段。2020年,湖北省委十一届八次全会提出"一主引领、两翼驱动、全域协同"区域发展战略,正式将"宜荆荆恩"城市群作为湖北的"南部之翼"。宜昌市区依托长江逐步向宜都、松滋和枝江方向拓展,荆门、荆州和恩施市区也在不断向外扩展,建设空间和生态空间之间的矛

盾持续加剧,城市连片发展趋势严重。

3.2 从生态系统的完整性来看,森林湿地破碎化、人工化问题仍存在

近年来,城市群虽然通过实施长江流域综合治理、绿满荆楚行动、森林城市创建等一系列建设举措,使城市及城镇的森林生态系统得到很大改观,但由于城市土地开发强度过大,自然栖息地大量丧失或呈碎片化。同时,在生态修复治理过程中,过分强调景观效果,广泛引入外来物种并过度依赖工程手段,结果形成了大面积的人工化森林和湿地,削弱了自然的修复功能。

3.3 从满足居民需求的角度看,区域共享空间不足

森林城市一般注重居民 500m 出行半径内的日常休闲锻炼绿色空间的建设,而森林城市群建设则能够为居民提供更大范围的区域性天然森林、湖泊、河流等自然生态休闲空间,满足居民在周末和节假日进行中短途生态旅游的需求。目前,"宜荆荆恩"城市群相关建设数量仍显不足,还不能提供中远程旅游的生态休闲空间。此外,绿道是城乡居民进入绿色生态空间、享受品质生活的低碳通道。近年来,城市群注重了绿道网络建设,但主要局限于城市范围内,尚未形成互联互通的区域性绿道网络,且其配套服务设施也存在一定的不足。

3.4 从促进社会发展的角度看,生态文化传播和绿色经济发展仍有不足

不足主要体现在以下几个方面:区域性生态文化展示和体验基地建设的数量尚显不足,其质量也有待提升;森林湿地生态环境产品、生态文化产品的开发进展缓慢;生态旅游、种苗花卉等绿色产业的发展也相对落后。

3.5 从推进城市群建设组织体系来看,顶层设计仍需加强

森林城市群并非多个森林城市的简单组合,即"森林城市＋群"模式,而是必

须先形成城市群,再在此基础上推进面向城市群的森林生态系统建设,形成"森林+城市群"的模式。一方面,2021年"宜荆荆恩"城市群建立了"联席会议+办公室+专项推进协调小组"工作机制,但通过3年的推进,推进工作仅限于林业部门、市级层面,决策范围和推进力度十分有限。另一方面,森林城市群建设需要一个面向城市群区域尺度的宏观生态建设规划,以此保障该项事业健康发展。但目前总体规划尚未正式出台,且尚未根据城市群的实际问题构建出一套系统完善、可操作性强的评价指标体系,这导致城市群建设缺乏科学、具体的指导。

4 推进思路

森林城市群建设是区域尺度上推进森林湿地生态系统建设的宏观战略,它要求我们从空中俯瞰整个城市群地区,以宏观视野全面审视和思考城市群如何实现健康可持续发展。该战略的特点体现在"大"字上:一是尺度大,覆盖整个城市群范围;二是着眼大问题,需运用景观生态学理论来分析并解决问题;三是构建大系统,要不断强化城市群森林湿地生态系统建设;四是实施大战略,在科学分析并识别城市群发展对环境、经济、文化和社会多方面需求的基础上,采取一系列重大措施,包括规划大斑块森林、打造贯通性生态廊道、建设国家公园及区域性森林文化基地等;五是创新大机制,鉴于森林城市群建设内容往往跨越城市、地区乃至省市行政区管辖界限,因此需要国家级、省级层面的规划设计、资金投入和政策支持,并建立类似于国家林业六大生态工程的投入机制和水利部门按照流域管理的运行模式。针对"宜荆荆恩"森林城群在推进过程中存在的问题与不足,结合国内外成熟的建设经验,提出以下几点思考与建议。

4.1 构建多级森林创建体系,高位推进森林城市群建设

城市群是跨行政区、大尺度、区域性的空间形态,其建设需要提升生态系统服务功能,需要城市之间协同共建和密切配合。因此要以国家森林城市创建为抓手,形成高位推进、多级创建、城乡一体的森林城市群建设体系。一是将森林城市群创建纳入林长制考核体系,以林长为总抓手,各级政府高位推进,成立高

规格协调领导小组,举全市之力统筹创建国家森林城市、建设国家森林城市群工作。二是构建"城市群—城市—城镇—乡村"多级森林创建体系,通过网络化布局、组团式发展、全域性覆盖,实现城乡一体统筹推进。

4.2　科学制定建设指标,引领森林城市群高质量发展

面对城市不断扩张的发展需求,需要城乡建设、林草和自然资源等多部门协同,构建适应城市发展的弹性生态保护建设管理机制,以缓解城市社会经济发展与生态环境保护之间的矛盾。要围绕国家森林城市群创建的主要指标及宜昌打造世界级旅游目的地的总要求,组织专班,高起点编制"宜荆荆恩"森林城市群建设总体规划,确保规划的全局性、前瞻性、指导性和可操作性。

4.3　注重恢复城市群森林生态系统的整体性,提高区域生物多样性

森林城市群建设可促进区域间森林及湿地的保护和建设,实现区域生态空间互联互通,从而提高城市群整体生物多样性。一是共建城市群生态岛。在城市群之间划定城市绿心,编制相关生态绿心地区总体规划,出台生态绿心地区保护条例,每年安排一定资金作为生态补偿资金,对城市绿心的生态屏障保护和生态功能发挥起到保障作用。二是保护以江河为主的生态廊道。以长江、清江、汉江等为主干生态廊道,加强协同保护和治理,持续推进流域生态补偿,将三江水系打造为贯通城市群的生态绿脉。三是加强城市组团绿隔建设。通过保护和提升重点区域森林资源质量,强化城市组团间的生态屏障功能,遏制城市组团蔓延连片发展,也为生物多样性保护提供本底条件。

4.4　城市群区域绿道互联互通,形成城市慢生活主要绿色通道

1987 年,舶自英伦的"绿道"(greenway)一词首次在官方文件《美国总统委员会报告》上正式出现。该报告提出:"一个充满生机的绿道网络能使居民方便地进入他们住宅附近的开放空间,使整个美国在景观上能将乡村和城市连接起来,就像一个巨大的循环系统延伸穿过城市和乡村。"此后,美国加大了绿道建设的

力度,并最早将其视为一项重大经济产业进行规划,同时还审时度势地制定了一系列相关法规。目前,美国已拥有各种等级的绿道10万km,总长度居世界各国之首,而且每年还要规划建设数千条绿道。在当前中国倡导低碳、环保生活的背景下,绿道已成为全国城乡人民共享生态福利的绿色载体,也是国内外城市绿色发展的普遍选择。我们要借鉴美国等国家的绿道建设经验,结合城市群各地市情,把以绿道为主的生态公共服务网络作为各地城市建设的主要内容,不断加强城市之间、城乡之间的生态绿道建设,串联起主要森林公园、自然保护区、风景名胜区、郊野公园、滨水公园和历史文化遗迹等节点,初步形成完整、连续、可达的区域绿道网络,成为城市慢生活的主要绿色空间和市民游憩的重要通道,逐步实现区域城乡绿道互联互通。

4.5 推进林业特色产业融合发展,促进区域"两山"价值变现

森林城市群建设有利于促进跨地区生态资源的高效整体利用。要通过探索建立产业协同发展指导协调机制,搭建统一招商引资和服务平台,创新"互联网＋产业""基地＋旅游"等模式,推动形成各地区具有特色的林业支柱产业,从而拓宽"两山"转化通道。

4.6 打造高水平的全民自然教育体系,不断深化生态文化理念

要依托森林公园、湿地公园、植物园、野生动物园、自然保护区、古树名木公园等载体,大力推进高水平自然教育基地建设,打造出一批具有示范引领作用的自然教育文化场所,推出丰富多样的自然教育产品,进一步提升自然教育水平和自然教育服务能力。

5 结 语

进入新时代,我国森林城市建设和发展迎来了极为难得的历史机遇,但同时也面临新的要求和任务。森林城市建设如何积极响应新时代的要求,如何更好地满足人民群众的需求,不仅关系着一个森林城市能否建设成功,更直接影响城

市综合发展和人居环境质量。"宜荆荆恩"城市群是湖北城市群发展战略的一个重要组成部分,建设城市群是宜昌推动城市和产业集中高质量发展,加快建设长江大保护典范城市、打造世界级宜昌的必由之路。如何依托世界级生态环境,打造更高水平的国家生态文明建设示范区,厚植世界级宜昌绿色底蕴?建设"宜荆荆恩"森林城市群已给出了答案。

参考文献

湖北省人民代表大会常务委员会,2021.关于批准《湖北生态省建设规划纲要(修编)(2021—2030 年)》的决定[EB/OL].(2021-09-15)[2025-02-10].http://news.cnhubei.com/content/2021/09/30/content_14139771.html.

湖北省水利厅,2020.2020 年湖北省水土保持公报[EB/OL].(2021-10-20)[2025-02-10].https://slt.hubei.gov.cn/bsfw/cxfw/stbcgb/202110/t20211020_3818824.shtml.

李楠,王鹏,夏恩龙,等,2021.欧洲森林城市群规划管理经验及其对中国的启示[J].世界林业研究,34(6):92-97.

李志华,战国强,冯超,等,2019.珠三角国家森林城市群建设理念与策略[J].林业调查规划,44(1):194-199+205.

刘欣,王凯平,王露孜,等,2023.新时代森林城市建设价值、机遇与实现路径[J].中国城市林业,21(1):8-12.

王成,2016.关于中国森林城市群建设的探讨[J].中国城市林业,14(2):1-6.

余俏,杜梦娇,李昊宸,等,2022.通向城乡韧性的蓝绿空间整体规划研究:概念框架与实现路径(英文)[J].Journal of Resources and Ecology,13(3):347-359.

周岩,2020.新时代我国森林城市群建设现状与展望[J].世界林业研究,33(4):82-86.

湖北省不同海拔区域森林碳储量比较研究

罗雷[1],徐立[1],吴盛德[1],程越洋[1],郑晓敏[1]

(1.湖北省林业调查规划院,湖北武汉,430070)

摘　要:湖北省森林资源的空间分布与地形关系密切,碳密度随着海拔增加而增加。研究结果显示:湖北省森林碳储量潜力巨大,其中阔叶类碳储量占据主导地位。在湖北省森林生态系统中,不同海拔区域优势树种的贡献力呈现出以下变化规律:在海拔等级为1的区域,杨树类、松类等人工林及针叶混交林的贡献力较大;在海拔等级为2和3的区域,针叶混交林、松类和杉木类的贡献力增大;在海拔等级为4的区域中,杉木类、针叶混交林和硬阔类的碳密度表现尤为突出;在海拔等级为5和6的区域,冷杉类、针叶混交林和硬阔类的碳密度保持在最高水平。

关键词:湖北省;海拔;优势树种;森林碳储量

自20世纪90年代末以来,森林碳储量、碳密度、碳汇功能在全球、国家、区域和样地等不同尺度上成为学者们研究的热点。其中,区域尺度森林碳储量及其预测引起了广泛关注。随着全球气候变化的加剧,碳储量成为生态系统服务功能研究的重要内容。联合国政府间气候变化专门委员会(IPCC)2022年评估报告指出,在众多脱碳选择中,恢复森林等自然碳汇是一项兼具经济性和实操性的方案。为应对气候变化,中国于2020年提出力争2030年前"碳达峰"、2060年实现"碳中和"的目标,也对林业发展目标提出了明确要求。预测森林碳汇及其对"双碳"目标贡献,对森林经营规划、林业碳汇政策制定具有重要意义。学者们采用生物量清单法、生物量经验回归模型估计、蓄积量法、遥感估算法及生物量转换因子法等多种方法计算区域碳储量(聂薇等,2024)。区域尺度森林碳储量研究可为政策制定者、森林管理者和科研人员提供有关森林碳储量及其变化趋势的基本数据,对制定森林资源管理策略、实施碳减排措施以及评估森林生态系统在气候变化中的适应能力具有重要意义。

湖北省地处中国中部,地形复杂,海拔高度为34～3105m,具有丰富的生态系统多样性。在 2009—2018 年的 10 年间，中国森林生态系统中森林生物质碳储量年均增长量占森林生态系统碳储量年均变化量的 81.1%，巩固和提升森林碳汇，是实现中国"碳中和"目标的重要路径之一（朱建华等，2023）。杜群等（2013）研究发现森林碳分布与地形密切相关，随着海拔升高和坡度增大，森林碳密度增大。通过对不同海拔区域森林碳储量的比较研究，加强对不同海拔区域内森林资源的保护和培育，提高碳储量，增强碳汇功能，有助于湖北省实现生态文明建设和碳中和目标。

1 材料与方法

1.1 研究区概况

湖北省位于我国中部地区，地理位置优越，与多个省份相邻。湖北省的地势大致为东、西、北三面环山，中间低平；地貌特征丰富多样，山地、丘陵和平原湖区分别占 56%、24% 和 20%。全省总面积约为 18.59 万 km^2，从海拔分布来看，500m 以下的低海拔地区占 12.345 9 万 km^2；500~1000m 的中海拔地区占 3.325 8 万 km^2；1000~1500m 的高海拔地区占 2.130 0 万 km^2；1500~2000m 高海拔地区占 0.682 2 万 km^2；2000~2500m 高海拔地区占 0.095 5 万 km^2；2500m 以上的高海拔地区占 0.014 1 万 km^2。湖北省森林资源与植物种类丰富，主要树种（组）有硬阔类、软阔类、阔叶混交林和针阔混交林等。

1.2 数据来源

本文以湖北省第五次森林资源清查数据为依据，探讨了主要树种（组）、海拔、单位面积蓄积量及不同林地类型的面积与森林碳储量的关系。研究主要关注活立木生物量和碳储量，排除枯枝落叶层和土壤层的影响。

本文采用 30m×30m 的湖北省数字高程模型数据，对湖北省森林碳分布与海拔、坡度等地形因子的关系进行定量分析。

1.3 研究方法

本研究采用生物量转换因子法间接估算森林生物量,估算参数主要包括生物量扩展因子、根茎比、木材基本密度和含碳率等。

乔木树种(组)的碳储量采用生物量扩展因子法进行计算:

$$C = V * SVD * BEF * (1 + RSR) * CF \tag{1}$$

式(1)中:C 表示碳储量(t);V 表示乔木林树种(组)蓄积量(m^3);SVD 表示乔木树种的基本木材密度(t/m^3);BEF 表示乔木树种(组)的生物量转换系数,即地上生物量与树干生物量的比值(无量纲);RSR 表示地下生物量与地上生物量比值(无量纲);CF 表示生物量含碳率(%)。

据湖北省第五次森林资源清查结果显示,湖北省目前优势树种(组)主要有冷杉类、马尾松类、柏木类、杉木类、硬阔类、杨树类、软阔类、针叶混交树种组、阔叶混交林、针阔混交林。基本木材密度、生物量扩展因子、含碳率和生物量转换系数等估算参数的值参照《中华人民共和国气候变化第二次国家信息通报》的"土地利用变化与林业温室气体清单",见表1。

表1 优势树种(组)森林生物量估算参数值

优势树种(组)	基本木材密度(t/m^3)	生物量扩展因子	含碳率(%)	生物量转换系数
冷杉类	0.366	1.316	0.500	0.174
马尾松类	0.38	1.472	0.460	0.187
柏木类	0.478	1.732	0.510	0.220
杉木类	0.307	1.634	0.520	0.246
硬阔类	0.598	1.674	0.497	0.261
杨树类	0.378	1.446	0.496	0.227
软阔类	0.443	1.586	0.485	0.289
针叶混交树种组	0.405	1.656	0.510	0.267
阔叶混交林	0.482	1.514	0.490	0.262
针阔混交林	0.486	1.656	0.498	0.248

1.4 碳密度与海拔、优势树种(组)分析

针对湖北省独特的地形特征,我们以500m为间隔,将海拔划分为6个等级——等级1(0~500m)、等级2(500~1000m)、等级3(1000~1500m)、等级4(1500~2000m)、等级5(2000~2500m)、等级6(2500m以上)。同时,我们统计湖北省主要的优势树种(组),分析不同海拔等级下树种和碳密度分布,以探讨碳密度如何随着海拔、优势树种(组)的变化而变化。

2 结果与分析

2.1 不同海拔下碳储量分布格局

如表2所示,随着海拔等级升高,湖北省相应海拔的林地面积不断减小,林地碳储量也随之降低。海拔等级为6的乔木林地平均碳密度最大,为46.72MgC/hm²。

表2 不同海拔等级林地乔木碳储量分析

海拔(m)	海拔等级	林地面积(hm²)	森林蓄积量(m³)	碳储量(t)	平均碳密度(MgC/hm²)
500以下	1	2.59×10^6	1.10×10^8	5.13×10^7	19.82
500~1000	2	1.52×10^6	8.56×10^7	3.79×10^7	24.97
1000~1500	3	9.75×10^5	7.14×10^7	3.07×10^7	31.43
1500~2000	4	3.34×10^5	2.60×10^7	1.11×10^7	33.36
2000~2500	5	5.15×10^4	5.34×10^6	2.27×10^6	44.16
2500以上	6	6.86×10^3	7.41×10^5	3.20×10^5	46.72

非林地比重在一定程度上反映了人类活动对碳储量的调控作用。在海拔等级为1的区域,林地面积占据了我国国土面积的20.96%。随着海拔的升高,进入海拔等级为2~6的区域,林地面积占比基本保持在45%~55%之间。林地面

积和非林地比重的变化,也反映了湖北省在不同海拔区域碳储量的分布特点。

2.2 不同海拔下优势树种的分布特征

在湖北省的森林生态系统中,优势树种的海拔分布呈现出明显的差异性。研究发现,柏木类和杨树类主要分布在海拔 1500m 以下的区域;松类、杉木类和软阔类则基本分布在海拔 2000m 以下的区域;在海拔 2000~2500m 区域内,阔叶混交林和硬阔类占据主导地位,其次是针阔混交林。在海拔 2500m 以上的区域,主要分布着冷杉类、针阔混交林等树种,同时也有一定数量的硬阔类。根据不同海拔区域的优势树种分布特点进行森林资源保护和培育,有针对性地培育不同海拔特有的混交林,可提高森林的稳定性和抗风险能力。

2.3 不同海拔下不同优势树种的碳密度差异

在湖北省森林生态系统中,不同海拔等级下,优势树种的碳密度呈现出一定的规律性(表3)。研究发现,柏木类和杨树类的碳密度随着海拔的升高,呈现出逐渐降低的趋势。这表明,在海拔升高的情况下,柏木类和杨树类的生长势有所减弱。阔叶混交林、软阔类、硬阔类、针阔混交林和针叶混交林的碳密度与海拔呈现出正相关的关系。这说明,在高海拔地区,这些树种具有更大的碳储存潜力,有助于提高湖北省的碳汇功能。松类和杉木类的碳密度随着海拔的变化基本呈现出先升高后降低的趋势。这意味着,在这些树种的最适宜生长海拔区间,其碳密度能够达到较高水平。为了充分发挥湖北省的碳汇功能,我们应该根据不同海拔区域的特点,有针对性地进行森林资源保护和培育,调整和优化树种结构,以提高碳储存能力和碳汇功能。

表3 不同海拔下不同优势树种的碳密度差异 单位:MgC/hm^2

优势树种	海拔等级					
	1	2	3	4	5	6
柏木类	19.5	15.78	18.12	12.7	—	—
阔叶混交林	22.52	25.69	28.9	33.16	43.24	46
冷杉类	—	—	—	31.78	54.41	58.46

续表 3

优势树种	海拔等级					
	1	2	3	4	5	6
松类	30.16	38.97	43.38	33.58	39.69	22.98
软阔类	16.77	20.89	25.23	27.64	36.17	34.95
杉木类	24.82	38.66	46.37	59.63	38.12	66.03
杨树类	34.79	29.36	25.04	14.91	46.81	—
硬阔类	20.56	24.11	29.71	35.33	48.2	52.58
针阔混交林	26.42	32.33	35.22	34.19	44.74	50.37
针叶混交林	28.62	42.77	43.76	43.93	51.91	56.87

3 讨 论

3.1 湖北省碳潜力巨大

以不同海拔等级下林地面积保持不变为基础,湖北省林地碳潜力主要集中在海拔 1500m 以下,这部分林地面积占全省林地面积的 91.47%,但其平均碳密度仅为 23.59MgC/hm²。对于碳密度较低的林地,可通过提高森林质量、促进森林蓄积量的增长来增加其碳密度。在海拔等级为 1 的区域,由于非林地较多且受人类活动影响频繁,因而加强森林生态系统的保护与修复工作,有助于提高森林碳密度。

长江流域森林植被在增加全国森林碳储量和增强全国森林碳汇功能等方面发挥着重要作用。2000—2020 年,湖北省林地面积未变区域在 20 年间通过光合作用所固定的碳增加了 146.60Tg(韩诗婷,2020)。根据湖北省第五次森林资源清查结果,中幼林面积占我省林地面积的 84% 左右,但中幼林平均碳密度比成熟林平均碳密度低得多。研究结果表明,在不扩大森林面积的情况下,依靠林木自然生长,湖北省森林植被碳储量在未来一段时间内仍有较大的增长潜力,并将继续发挥碳汇作用。

3.2 优势树种对碳储量及碳密度的影响

在湖北省森林生态系统中,硬阔类树种的碳储量位居所有树种之首。因此,阔叶树种在湖北省的碳储量中占据了主导地位。随着海拔的变化,优势树种对碳储量变化的影响也不同。在海拔等级为1的区域,杨树类和松类等人工林的碳密度相对较高;在海拔等级为2和3的区域,针叶混交林、松类和杉木类的碳密度相对较高;在海拔等级为4的区域,杉木类和针叶混交林的碳密度较高;在海拔等级为5和6的区域,冷杉类和针叶混交林的碳密度较高。

4 结 论

森林碳储量与海拔密切相关,碳密度随着海拔升高而增大。湖北省森林碳潜力巨大,阔叶类碳储量超过针叶类碳储量,阔叶树在森林碳储量中占主导地位。

综合考虑森林碳储量、海拔和优势树种等因素,湖北省应继续加强森林资源的保护和培育,提高森林碳储量,增强碳汇功能。同时,根据不同海拔区域的特点,合理布局和调整树种结构,以充分发挥森林生态系统的碳汇潜力。

参考文献

杜群,徐军,王剑武,等,2013.浙江省森林碳分布与地形的相关性[J].浙江农林大学学报,30(3):330-335.

郭兆迪,胡会峰,李品,等,2013.1977—2008年中国森林生物量碳汇的时空变化[J].生命科学,43(5):421-431.

韩诗婷,2020.湖北省土地利用变化对林地植被碳储量的影响研究[D].武汉:华中农业大学.

贾松伟,2018.长江流域森林植被碳储量分布特征及动态变化[J].生态与农村环境学报,34(11):997-1002.

李虹谕,杨会侠,丁国权,等,2022.中国森林碳储量分析[J].林业科技通讯(12):29-32.

聂薇,邓华锋,2024.使用二类调查数据对森林碳储量评估及多因素预测[J].东北林业大学学报,52(2):52-59.

王剑武,季碧勇,王铮屹,等,2024.浙江省丽水市亚热带森林景观格局对森林碳密度的影响[J].浙江农林大学学报,41(1):30-40.

朱念福,郑晔施,童冉,等,2024.长三角地区乔木林碳汇及其对"双碳"目标贡献预测[J].生态学杂志,43(12):3817-3827.

朱建华,田宇,李奇,等,2023.中国森林生态系统碳汇现状与潜力[J].生态学报,43(9):3442-3457.

下篇　专题报告:多维视角为长江经济带高质量发展"赋绿增能"

森林康养项目建设重难点及支持对策分析

王辉[1,2]

(1. 广水市文化旅游产业投资有限公司,湖北随州,432700;
2. 中国地质大学(武汉)经济管理学院,湖北武汉,430074)

摘　要:森林康养作为林下经济的重要组成部分,是推动林业产业转型升级、实现生态价值转化的重要途径。本文深入剖析了我国森林康养项目建设的重难点问题,旨在为森林康养项目的规划、建设及健康发展提供理论依据和实践指导。通过研究发现,森林康养项目建设面临着规划、政策、人才、资金、基础设施等多方面的难题,虽然国家和地方出台了一系列支持政策,但在政策落实和细化方面仍需加强。未来,应进一步完善政策体系,加大扶持力度,解决项目建设中的重难点问题,推动森林康养产业持续、健康、高质量发展。

关键词:森林康养;项目建设;重难点;对策分析

森林康养是以森林生态环境为基础,以促进大众健康为目的,利用森林生态资源、景观资源、食药资源和文化资源,与医学、养生学等有机融合,开展保健养生、康复疗养、健康养老,促进身心健康活动的总称(湖北省林业标准化技术委员会,2023)。它不仅是推动林业产业转型升级、实现生态价值转化的重要途径,更是推动乡村振兴、促进健康中国战略实施的重要抓手,在国家大力推进生态文明建设和健康中国战略的背景下,森林康养项目作为林下经济的创新发展模式,近年来在我国得到了快速发展。然而,森林康养项目在建设过程中面临着诸多重难点问题,深入研究森林康养项目建设的重难点及政策支持情况具有重要的现实意义。

1 森林康养项目的建设重点

一般而言,森林康养项目的建设重点包括选址、开展生态环境承载能力评估、优化功能区划与布局、加强康养服务及配套基础设施建设、复合型功能开发、森林康养服务团队建设及搭建服务支撑体系。

第一是选址。生态环境是森林康养的核心要素。在森林康养项目的选址过程中,须严格依据《中华人民共和国森林法》《中华人民共和国自然保护区条例》《生态保护红线生态环境监督办法(试行)》等法律法规,综合考虑自然资源条件(森林覆盖率、面积、树种、权属、郁闭度、建设用地规划、生态红线限制、水资源状况、景观资源状况)、生态环境质量指标(空气质量、噪音水平、土壤状况、水质情况、辐射安全)、外联交通状态及气候舒适度等因素,对当地生态环境承载能力进行科学测算后,优选那些既具备开展森林康养活动的优越条件,又无地质灾害等安全隐患的区域,以确保项目建设不会对生态环境造成破坏。

第二是开展生态环境承载能力评估。它是确保项目可持续发展的关键环节,是科学平衡项目开发与生态保护的重要举措。项目初步选址完成后,建设单位需全面考虑拟选址区域自然生态系统的稳定性、资源供给的可持续性及人类活动可能产生的影响,并据此合理确定项目类型(疗养、旅游或科研)、规模(占地面积、接待容量)及开发强度等。同时,应建立项目建设负面清单,以规避对生态环境的潜在威胁,确保实现"绿水青山"与"健康经济"的双赢局面。

第三是优化功能区划与布局。森林康养项目根据不同功能定位,可分为接待区、游憩区、康养区、综合服务区、体验教育区、安全保障区、预留发展区、特色功能区域等多个功能区。这些功能区的规划与布局应充分结合基地资源和环境特征,以森林康养市场需求为导向,以有利于保持基地生态功能和自然景观的完整性和稳定性,有效衔接基地各类基础及服务设施,以及突出当地资源特色和民俗文化特色为目标。为此,需引进先进理念和技术,强调森林康养产品的差异化发展,以规避同质化重复建设的问题。此外,还应积极做好与国土空间规划、土地利用规划、林地保护利用规划、生物多样性保护、人文景观资源保护等上位规划的衔接工作。

第四是加强康养服务及配套基础设施建设。①康养服务设施主要分为综合服务、医疗康养和体验教育三大类别。其中,综合服务设施包括接待中心、服务咨询点,以及住宿、餐饮、娱乐、购物等设施,旨在为游客提供便利,满足日常所需；医疗康养设施包括森林康复中心、森林疗养场所、森林浴场、森林氧吧等，能对伤病人员及时采取临时性应急救护措施；体验教育设施则以森林康养知识和自然认知为主导方向，突出森林康养基地的功能和资源特点，应根据不同形式的科普宣教方式规划生态小径、知识展板、康养标识、解说系统等，并配备相应的科普宣教设施设备。②康养配套基础设施包括森林康养管理用房（办公场所、员工宿舍）、环境保护设施、道路、停车场、标识系统、环卫设施、通信设施、供电设施、给排水设施、供热设施、燃气设施、广播电视设施及无障碍设施等。其中，康养步道应依托现有林间步道、护林防火道和生产性道路建设，步道坡度尽量控制在8%以内并设置休憩节点，交通可达性应满足《森林康养基地质量评定》（LY/T 2934—2018）的要求。

第五是复合型功能开发。应以生态保护为前提，利用"康养＋"资源优势，围绕休闲、健身、养生、养老、疗养、认知、体验等不同类别的需求，针对不同的森林康养人群，设置森林温泉、森林健步、森林浴、森林课堂、养生食疗等森林康养产品，开展与之适宜的活动、课程等。例如，广东罗浮山引入中医理疗机构开展森林疗愈；浙江安吉竹海康养基地结合茶道、竹编非遗体验进行文化赋能。

第六是加强森林康养服务团队建设。森林康养基地的可持续发展不仅依赖自然资源禀赋，更高度依托专业化、跨学科的人才团队。人才团队是基地从规划、运营到长期管理的核心驱动力，是康养基地生态保护与科学管理的平衡者，是康养产品创新发展的研发引擎，是基地用户体验与服务质量的保障者。康养基地核心职能团队组成如表1所示。

表1 康养基地核心职能团队组成

角色	专业背景	关键职责
生态管理组	生态学、林学等	承载力监测、植被修复、野生动物保护
康养产品组	医学、心理学、运动科学等	疗程设计、疗效评估、风险管理
运营服务组	旅游管理、市场管理学等	游客动线规划、服务标准化、投诉处理
技术支撑组	环境工程、数据科学等	智慧监测系统开发、碳足迹核算
社区协调组	社会学、人类学等	原住居民利益协调、传统知识转化

第七是搭建服务支撑体系。它主要包括以下三个方面：①服务体系。规范标准的服务体系能有效提升森林康养的服务质量和接待能力。以生态承载力为基础，围绕用户体验、生态保护和可持续运营三大核心目标，构建系统化、全链条的服务架构，是森林康养基地从"资源依赖型"向"服务驱动型"转型的重要举措。

在康养基地的建设过程中,必须建立规范的服务流程,并加强对服务全流程的质量监管。②营销体系。根据森林康养消费人群的显性和隐性需求,设计差异化产品(如森林疗养套餐、中医保健服务),通过入驻电商、短视频、社交新媒体等进行场景化推广,使基地与消费者、分销商、网络机构等形成稳定的营销体系,是康养基地建设的重要内容,也是推动生态资源向健康服务价值进行高效转化的重要保障。③培训体系。康养是一个不断发展和变化的领域,为满足多样化的森林康养服务需求,康养基地需要对康养从业人员进行持续的技能培训教育,及时地更新和共享各类专业知识,如医疗组向生态组反馈游客过敏原数据,定期开展山火疏散、极端天气应对模拟训练等,最终实现"绿水青山"向"健康生产力"的安全转化。

2 森林康养项目推进的难点剖析

当前,森林康养项目推进的难点主要表现在以下方面。

第一,资源要素政策限制多。林权流转矛盾、用地性质冲突、康养设施建设用地指标不足(多数项目仅获批3%建筑密度)是制约康养项目建设的重要因素。近年来,虽然国家层面出台了一系列促进森林康养产业发展的政策,一些地方也相应出台了配套政策,但在政策执行过程中,仍然存在差异。项目审批难度大、土地流转困难等导致项目建设用地难以得到有效保障。

第二,基础设施配套不足。森林康养是为了追求健康和养生,因此对医疗保障设施有较高的需求。然而,在实际建设过程中,森林康养项目多位于山林区,这些区域在水、电、气、通信、网络等公共服务基础设施方面建设相对较为滞后,甚至部分地区还存在供水不稳定、水质不达标、通信信号弱、网络覆盖差等问题。

第三,产业融合深度不够。健康中国战略实施后,森林康养成为林业、健康和旅游等领域的研究热点。部分学者对森林康养基地的分布特征及影响因素等进行了研究,并对长江经济带所包含的四川、重庆、湖北、浙江等省(市)森林康养基地的空间分布进行了实证分析;也有一些学者从森林康养基地建设的适宜性或森林资源综合评价的角度出发,提出了若干森林康养基地建设的评价体系和评价方法。但在目前的森林康养研究领域中,关于如何科学有效地利用森林资源,促进森林资源与教育、医疗、康养等产业融合发展的研究还相对较少,对森林康养基地实践探索的案例研究也较为匮乏。当前,我国森林康养项目与医疗、养老、文化、旅游等产业的融合还不够深入,森林康养的区域性特色挖掘还有待加强。

第四,投资体量大,投资回报周期长。森林康养因基础设施建设、环境改造、设备购置等需要大量的资金投入,存在投资体量大、投资回报周期长、见效慢等问题,且受融资渠道限制,社会资本对其投资的积极性不高。

第五,康养专业人才匮乏。森林康养涉及林业、旅游、医疗、养生、文化等多个领域,需要既懂林业知识,又具备旅游管理、医疗保健、市场营销等多方面知识和技能的跨学科复合型人才。目前,我国在这方面的专业人才培养体系尚不完善,现有的森林康养从业人员,大多是从其他行业转岗而来,从业人员素质参差不齐,部分从业人员缺乏系统培训;同时,因森林康养产业薪酬待遇不高,一些专业人才在积累了一定的工作经验后,往往选择离开,前往大城市或其他待遇更好的行业发展,这进一步加剧了森林康养产业人才短缺的问题。

第六,市场培育面临困境,职业认同感不高。森林康养作为一种新兴的产业模式,在我国存在消费者认知错位、市场认知度低的问题。调研结果显示,部分受访者误将森林康养等同于普通的农家乐或旅游度假,品牌意识薄弱,职业认同感不高。

3 森林康养项目建设对策与建议

第一,优化选址决策机制。为避免一些地区盲目跟风建设,建议森林康养项目立项时要对拟建地森林资源、生态环境、市场需求、文化特色等进行充分的调研和分析,结合森林资源的质量、类型、分布情况、市场需求进行科学选址和决策,开发满足消费者偏好和需求的特色产品和服务,避免项目建成后被长期闲置。

第二,创新资源要素配置。建议借鉴"千村示范、万村整治"工程、全域土地综合整治等项目经验,推动发改、自然资源、林草及其他相关部门尽快出台有针对性的扶持政策和配套措施,将森林康养设施纳入《产业用地目录》,探索"点状供地""弹性供地""生态修复+康养开发""自然资源+资产组合包"等模式,加大土地、林业等要素资源供给和基础设施配套等方面的支持,加快推进集体经营性建设用地直接入市。

第三,加大专业人才培育力度。积极探索与驻地科研院校开展人才培养合作,支持高校和职业学校建设森林康养相关学科和专业、增设实用课程。同时,可根据各省省情,通过举办各类培训班,强化森林健康、医疗卫生、养生保健等专业知识的学习,开展森林康养师、生态教育讲解员的培训工作,提高森林康养的服务质量和水平。实施"康养人才下乡计划",对偏远地区从业者提供岗位补贴与职业认证,提升森林康养从业人员职业认同感。

第四,创新森林康养绿色金融产品。森林康养项目的融资方式包括银行贷款、股权融资和债券融资。森林康养项目的资产大多是森林资源、流转土地、集体土地等无形资产和基础设施资产,这些资产因具有评估难度大、产权界定复杂等特点而难以形成有效抵押物,导致银行贷款困难。同时,股权融资、债券融资等直接融资方式对企业的规模和资质有较高要求,大多数森林康养企业因难以达到要求而无法通过这些渠道获得资金支持。建议相关部门出台政策,鼓励金融机构在风险可控、可持续发展的前提下,针对森林康养项目的特点,探索将森林康养项目纳入政府性融资担保、普惠金融、超长期贷款等绿色金融产品的支持服务范围,并合理确定贷款期限和贷款利率,以拓宽森林康养项目的融资渠道,加大信贷投入力度。

第五,完善财税支持政策。由于森林康养项目投资体量大、回报周期长,面临着融资渠道狭窄的问题,为缓解康养项目资金压力,建议可借鉴贵州、浙江经验,将森林康养项目纳入中央和省市预算内资金的支撑范围,同时利用超长期特别国债、地方专项债券等债务融资工具,并给予森林康养税费减免、创业补贴、创业担保贷款及贴息等政策扶持。此外,建议将森林康养项目纳入实行农业生产用电价格的范畴,鼓励发行不动产投资信托基金,盘活存量康养资产,降低企业税负。

第六,打造国家级品牌与市场矩阵。建议加强森林资源修复与康养产品创新联动,推动"资源培育—产品开发—服务配套—营销推广"全链条协同发展;围绕"生态+康养"核心优势,打造具有地域辨识度的国家级品牌,突出森林资源、气候条件等差异化特色,开发如森林浴、温泉疗养、静心休养等特色康养产品线,形成"专病专康"服务包和主题旅游线路;按资源禀赋划分功能区,建立覆盖全域的品牌矩阵,形成省级、市级、基地级三级品牌联动体系,同时通过直播、VR体验提升公众对森林康养的认知度。

参考文献

陈小祥,杨姝琦,唐岚,2024.英山县森林康养产业现状及发展对策[J].湖北林业科技,53(4):85-88.

曹璞渊,唐玲,刘华周,等,2024.中国森林康养产业现状与消费需求研究

[J].园林,41(8):11-19.

国家林业局,2018.森林康养基地总体规划导则:LY/T 2935—2018[S].北京:国家标准化管理委员会.

国家林业局,2018.森林康养基地质量评定:LY/T 2934—2018[S].北京:国家标准化管理委员会.

郭诗宇,汪远洋,陈兴国,等,2022.森林康养与康养森林建设研究进展[J].世界林业研究,35(2):28-33.

湖北省林业标准化技术委员会,2023.森林康养基地建设规范:DB42/T 1976—2023[S].武汉:湖北省质量监督管理局.

韦梅英,李丽娟,2024.德国森林康养的经验和启示[J].世界林业研究,37(6):92-98.

叶露,尹微,许寿增,等,2024.森林康养旅游产业发展路径[J].农村经济与科技,35(19):86-89.

郑斌,高春月,吴雪霜,等,2024."产学研用"一体化森林康养基地建设实践探索:以武汉生物工程学院利川产学研用基地为例[J].湖北林业科技,56(6):90-94.

林业生态文明建设与绿色高质量发展研究

宜昌市森林康养旅游发展研究

李晓嫄[1]，覃纯[2]

(1.武汉工程大学管理学院，湖北武汉，430205)
2.宜昌市人文艺术高中，湖北宜昌，443000)

摘 要：本文对宜昌市森林康养旅游业发展的优势与不足进行了分析，认为宜昌市发展森林康养旅游业基础良好、潜力巨大，具有资源优势、文化优势、区位优势、气候优势和交通优势，但同时也面临森林康养旅游品牌知名度较低、产品同质化、缺少独特性和创新性等问题；接着探讨了宜昌市森林康养旅游业发展的战略机遇与挑战，并提出了宜昌市森林康养旅游发展的目标、原则与策略。随着后疫情时代需求的变化、旅游安全问题的倒逼、银发经济时代的到来、低空经济的大发展等新的背景的出现，破解基础设施、人才短缺、产业融合等问题后，宜昌市森林康养旅游专业化、规范化水平将快速提升。应坚持生态优先、绿色发展和以人为本、服务优化的原则，统筹推进资源保护与商业开发，注重产品创新与品牌塑造，致力于将宜昌市打造为国家级康养产业试验区。

关键词：森林康养旅游业；宜昌市；策略

森林康养旅游是以自然环境为依托，配备相应的医疗养生、康体服务设施，开展的以修养身心、延缓衰老为目的的森林度假、保健、养老等活动。改革开放以来，我国旅游业快速发展，在全球化的浪潮下，旅游成为人们放松身心、增长见识的热门选择。随着现代城市化进程加快，出现疲劳、压抑、烦躁、虚弱等亚健康状况的人数剧增，人们对大自然愈加向往，森林康养旅游市场需求旺盛。宜昌具有独特的自然条件、深厚的人文底蕴，在自然景观、气候环境、资源储备和交通区位等多个维度展现出独特魅力，发展森林康养旅游业具有显著优势，但也存在旅游景区分散、周边城市旅游景点竞争力强等不利因素及潜在问题。

1 宜昌市森林康养旅游业发展的优势与不足

1.1 宜昌市森林康养旅游业发展的优势

第一,是资源优势。首先,宜昌市拥有优质的森林资源。宜昌市森林资源分布广泛,类型多样,极为丰富。亚热带常绿阔叶林四季葱郁,春秋时节繁花似锦,夏日可避暑纳凉,冬日能防风固土。混交林层次分明,动植物生态多样,为游客提供了丰富的自然景观与生态体验空间。无论是进行森林浴、徒步探险还是自然教育等活动,都有充足的场地可供选择。其次,宜昌市康养资源特色鲜明。在自然康养资源方面,宜昌森林中的温泉资源丰富且品质优良,水温适中,富含硫、硒、钙、镁等矿物质与微量元素,开发了温泉浴场、温泉 SPA 等疗养项目。同时,森林里生长着金银花、鱼腥草、艾草等众多药用植物,在此基础上发展森林药浴、植物香薰、药膳餐饮等特色康养项目,可以提升森林康养旅游产品的附加值。

第二,文化优势。宜昌历史文化底蕴丰富,不仅拥有众多巴楚文化、三国文化、屈原文化的遗迹,如三峡人家、屈原故里、玉泉寺等,而且中医药文化、道家养生文化根基也极为深厚。这里民俗风情浓郁,土家族的巴山舞、苗族的芦笙舞等民间艺术和节庆活动精彩纷呈。通过精心打造如"屈原文化探寻+森林康养"等文化主题康养线路,以及举办养生讲座、中医义诊、功法培训等活动,可实现文化与旅游的深度融合,丰富游客文化体验。

第三,区位优势。宜昌地处二、三级阶梯的过渡地带,位于鄂西,地跨北纬 29°56′—31°34′、东经 110°15′—112°04′之间,东西横距与南北纵距跨度较大。其地势呈现西高东低的态势,西边是巫山山脉和武陵山脉,东部则逐渐向江汉平原过渡。独特的地形造就了宜昌丰富的地貌类型,山地、丘陵、河谷、平原在这片土地上错落分布,高山崖涧与江河溪流间或交错。长江穿城而过,将宜昌市区一分为二,形成"北岸城"与"南岸山"泾渭分明的格局,也塑造出"一半山水一半城"的独特风貌。

第四,气候优势。宜昌四季分明,夏季时,宜昌山区因海拔较高,成为避暑佳地;冬季则温和少雪,适宜康养;春秋两季天朗气清,繁花似锦,适合户外游玩。全年宜人的气候为宜昌森林康养旅游提供了持续的发展机遇,延长了旅游旺季,提高了旅游设施利用率和企业经济效益。

第五,交通优势。宜昌高速公路网络纵横交错,沪蓉、沪渝、呼北等高速贯穿境内,与武汉、重庆、长沙等周边主要城市紧密相连,通车里程达729km。便捷的公路交通使周边城市自驾游客2~5h内可抵达,增强了短途自驾游市场吸引力,同时与市内区县、乡镇及景区无缝对接,促进旅游资源深度开发与区域均衡发展。宜昌是重要的铁路枢纽,焦柳、宜万、汉宜等铁路干线在此交会,站点布局合理,车次运营频繁。宜昌与北京、上海、广州等国内主要客源地高效连通,每日开行多趟高铁、动车和普通列车。高铁的发展大幅缩短了时空距离,例如,武汉到宜昌高铁仅需1~2h,北京到宜昌最快4~5h,上海到宜昌5~6h,这在一定程度上拓展了远程客源市场,促进了旅游资源的跨区域流动。此外,宜昌北站预计2025年9月建成投用,届时,宜昌到北京、上海的时间将缩短至4.5h,到武汉仅需1h,这将极大地促进宜昌和"武汉城市圈""宜荆荆都市圈"之间的交流,使更多人领略宜昌的美好风光。在水路交通方面,宜昌依托长江这一黄金水道,境内长江流程达232km,沿线港口码头设施完备,航线网络覆盖重庆、武汉、南京、上海等城市。宜昌开发了长江水上旅游航线,游客可以沿此航线欣赏三峡风光和沿途的森林景观,这不仅丰富了旅游出行方式和体验,还加强了宜昌与长江流域其他城市的交流合作,推动了区域旅游一体化。此外,宜昌三峡机场航线网络基本覆盖了国内重点客源市场,并且积极拓展国际航线至泰国、韩国、日本等周边国家。航空运输的高效便捷提升了宜昌森林康养旅游的国际国内知名度,吸引了大量远程游客前来体验。

1.2 宜昌市森林康养旅游业发展的不足

与国内一些知名的森林康养旅游目的地相比,宜昌的森林康养旅游品牌知名度较低,产品存在同质化问题,缺少独特性和创新性。同时,宜昌森林康养旅游业的营销渠道较为单一,主要依赖传统媒体和旅行社进行宣传推广,对新媒体、网络营销等新兴手段利用不足,没有充分发挥社交媒体、在线旅游平台等渠道的营销作用。

2 宜昌市森林康养旅游业发展的战略机遇与挑战

2.1 宜昌市森林康养旅游业发展的战略机遇

一是后疫情时代的需求变化。疫情使人们更加重视健康,对生命质量有着更高的要求,这一观念也影响了人们的旅游选择。拥有高森林覆盖率和清新空气的森林康养基地成为人们放松身心、追求健康的热门选择。

二是国外旅行安全担忧催生国内旅游热潮。近几年,东南亚诈骗集团的恶劣行径引发广泛关注,国人对国外旅行的安全性产生担忧。相比之下,国内的安全环境良好。无论是在繁华都市还是在宁静乡村,随处可见的警务力量、高效的治安管理体系,让人们倍感安心。正因如此,越来越多的中国人更倾向于选择在国内旅游,为国内旅游市场包括宜昌森林康养旅游带来更多客源。

三是银发经济崛起推动康养旅游市场。2021年,我国人口达到峰值141 260万人。2022年起,我国人口自然增长率为负数,老年抚养比进一步提高。2023年,我国65岁及以上人口为21 676万人。这意味着我国已经步入中度老龄化社会,老年消费市场和老龄化产业发展空间广阔,老年旅游、康养等产业会成为新的增长点。宜昌森林康养旅游业完美契合银发经济市场需求,有望吸引更多老年人前来探索。

四是低空经济的巨大潜力。随着技术发展和政策支持,低空经济在旅游领域的应用逐渐增多,如低空观光旅游项目。宜昌可借助低空经济发展契机,开发低空森林康养旅游产品,如直升机森林观光、热气球森林体验等,丰富旅游产品类型,拓展旅游发展空间。

2.2 宜昌市森林康养旅游业发展面临的挑战

一是基础设施方面的挑战。一些森林康养基地的住宿、餐饮等配套设施档次较低,缺乏高品质、多样化的选择。同时,森林康养基地的医疗急救设备和休闲娱乐设施也不够完备,难以满足不同层次游客的需求。当下,还需进一步完善宜昌市森林康养旅游业的相关配套设施,以满足旅客们日益增长的美好生活需要。

二是人才短缺带来的挑战。森林康养产业正常运转涉及医学、林学、康养、旅游管理等各学科知识,需要大量相关学科专业人才。虽然宜昌三峡职业技术学院开设了康养专业,并培养了一批康养人才,但进入旅游行业并长期留存的康养人才仍然不足。

三是产业融合问题突出,主要表现在融合深度不够。森林康养旅游与当地农业、文化、体育等产业的融合还停留在表面,缺乏深度融合的创新模式和产品,未能充分发挥产业协同效应,限制了森林康养旅游的发展空间和综合效益。同时,产业链条较短。森林康养旅游相关产业的配套发展不够完善,产业链主要集中在旅游观光和简单的休闲体验环节,在森林康养旅游的特色产品打造及健康管理服务等方面发展滞后,产业链条有待进一步延伸。

3 宜昌市森林康养旅游发展的目标、原则与策略

宜昌市作为湖北省的重要旅游城市,近年来明确了旅游发展目标,并通过实施一系列创新战略,推动旅游业转型升级,致力于打造世界级旅游目的地。

3.1 宜昌市森林康养旅游发展的目标定位

宜昌市以《三峡(宜昌)康养产业试验区发展规划(2019—2023)》为纲领,提出构建"一核、两带、多点"的空间布局,即以主城区为核心,串联长江三峡和清江两大康养产业带,覆盖健康农业、康养小镇、森林康养基地等多点功能区。宜昌森林康养旅游应提升康养产业的专业化、规范化水平,为全国康养产业发展提供可借鉴的经验和模式。

3.2 宜昌市森林康养旅游发展的基本原则

首先是生态优先、绿色发展原则。森林康养旅游是探寻人与自然和谐共生的旅游模式,首要原则是保护生态环境,遵循绿色发展理念。绿色发展是在考虑生态环境和资源承载力的前提下,将绿色环保作为可持续发展的一种新型发展模式。促进宜昌市森林康养旅游健康发展,应始终坚持习近平生态文明思想,牢

记"绿水青山就是金山银山"的理念。生态兴则文明兴,人类文明的诞生、发展与衰败始终与生态环境息息相关。在宜昌市森林康养旅游资源的开发和建设全过程中,都应严格保护生态环境,合理控制开发强度,把握好森林康养旅游发展与生态环境承载能力的平衡,实现生态效益与经济效益双赢。

其次是以人为本、服务优化原则。应重视游客体验,不断优化服务质量。要完善森林康养旅游的基础设施建设,提升服务水平和创新效率,为森林康养游客提供便捷、舒适、个性化的游玩体验,激发其探索欲,提高回头率。

3.3 宜昌市森林康养旅游发展策略

一是资源保护与商业开发统筹推进策略。宜昌市森林资源丰富,在发展森林康养旅游的同时,也要注重对生态系统和动植物资源的保护。应科学制定森林康养旅游规划,合理布局项目,在积极挖掘森林康养经济效益的同时,确保森林资源的可持续利用。

二是产品创新与品牌塑造策略。为创建全国知名康养城市,宜昌市需加大森林康养旅游的创新力度,充分结合市场需求和宜昌地域特色,通过科技赋能、智慧赋能和绿色赋能,进行创新性的产业升级,充分发挥旅游产业的多元产业集聚效益,开发多种可供选择的康养旅游产品,并着力打造宜昌特色品牌。

宜昌市打造国家级康养产业试验区具有广阔的发展前景。随着森林康养旅游产业的不断完善和发展,必将吸引更多投资,引进更多人才,推动区域经济增长,提升居民收入水平。未来,宜昌有望成为国内知名的康养旅游目的地,在全国康养产业发展中发挥示范引领作用,实现经济、社会和生态效益的多赢局面。

参考文献

邓宏兵,2018.以绿色发展理念推进长江经济带高质量发展[J].区域经济评论(6):4-7.

邓宏兵,2024.深入推进人与自然和谐共生的中国式现代化[J].中国西部(4):9-11.

冯明,2018.宜昌市三线建设工业遗产现状述略[J].三峡论坛(1):5.

黄细嘉,刘李想,陈志军,等,2024."两山"理论视角下区域旅游业协调发展的碳减排效应研究[J].旅游科学,38(11):1-29.

李华,2024.开远市国家储备林建设中开展林下经济的思考[J].中国林业产业(1):36-38.

穆显鑫,常改欣,曹洪珍,2023.大连市森林康养旅游发展分析及营销策略[J].延安职业技术学院学报,37(6):60-63.

下篇　专题报告：多维视角赋绿增能长江经济带高质量发展

宜昌市林业科技创新助推"两山"转化的几种模式

高本旺[1]，高晗[1]，余长荣[2]，张军[3]

(1.宜昌市林业科学研究所，湖北宜昌，443100;
2.宜昌三峡大老岭自然保护区管理局，湖北宜昌，443000;
3.宜昌市森林资源监测站，湖北宜昌，443005)

摘　要：以宜昌市为例，探讨了林业科技创新助推"两山"转化的几种模式，即生态循环经济模式、林业良种修复模式、特色产业共促模式和科普城市建设模式。文章详细介绍了4种模式的具体做法及取得的效果，以期为宜昌市林业科技创新助推"两山"转化提供借鉴和参考。

关键词：宜昌；林业科技；"两山"转化；模式

1　引　言

习近平总书记在浙江安吉余村考察时首次提出"绿水青山就是金山银山"的"两山"理念。党的二十大报告提出："必须牢固树立和践行绿水青山就是金山银山的理念，站在人与自然和谐共生的高度谋划发展""坚持山水林田湖草沙一体化保护和系统治理""提升生态系统多样性、稳定性、持续性""实施生物多样性保护重大工程"。当前，各地纷纷涌现践行"两山"理念的创新基地和转化模式。宜昌市地处湖北省西北部，是中国森林资源重要保护地区之一，也是"两山"理念实践的重要试点。宜昌市的科技单位在学习贯彻习近平新时代中国特色社会主义思想，实施科技创新驱动发展战略的过程中，积极推进林业科技创新，促进"两山"转化，紧紧围绕"绿色宜昌"和林业产业建设中的难点问题，开展特色资源利用、良种选育、构建科技服务网络、科普教育等科技创新，形成了"绿水青山就是金山银山"成果转化的科技效益增量模式。

2 宜昌市"两山"转化模式探索

2.1 生态循环经济模式——科技助推"林药蜂"特色产业发展

生态循环经济是一种生态经济,在经济活动中将资源看成是一个不断循环利用的系统,力求最大限度地减少对自然的负面影响,并使资源利用的梯度效益最大化。科学技术在生态循环经济中具有不可替代的作用,在"两山"转化过程中,必须充分利用科技力量,既最大限度地利用资源,又切实保护资源。五峰县传统的林特产品——五倍子,是重要的化工原料,其产业的形成与昆虫五倍子蚜虫、植物漆树科盐肤木及苔藓密切相关。20世纪90年代,五峰县的科技人员围绕制约五倍子产业规模化发展的核心问题,开展了五倍子蚜虫人工培育、设施收虫和挂袋放虫等技术的研发和应用推广工作。同时,该县培养了一批乡土五倍子专家,建立了专业合作社来推广高效栽培技术,并引进五倍子加工企业赤诚生物科技股份有限公司到五峰县,形成了五倍子从种植到加工的产业链。五倍子的夏寄主盐肤木是优良的蜜源植物,盐肤木种植面积的扩大,带动了五峰县的中蜂(中华蜜蜂)养殖业。收获五倍子后,其树叶可用于喂养家禽;种籽可用于榨油,出油率达10%。通过以花养蜂、以叶饲禽、以籽榨油的方式,实现了资源的高效利用。同时,盐肤木林下还可配套种植适合林下生长的天麻、黄精、贝母等草本中药材,形成"五倍子+林下中药材+中锋"的生态循环,促使生态循环经济利益最大化,进而带动了乡村振兴和共同富裕。

2004年,五峰县五倍子产量一般为40~60kg/亩,最高120kg/亩。截至2022年,五峰县有人工挂虫五倍子林0.5万亩、抚育改造野生五倍子倍林10万亩,带动种养户2000多户,其中极度贫困户414户。2018年,全县五倍子种养户现金收入达534.24万元,亩均收入1750元。赤诚生物科技股份有限公司经过几次扩充产能,年收购并加工原料4500t左右,2020年实现销售收入1.25亿元。截至2020年末,全县蜂农由2015年的671户增加到8402户,蜂群由0.64万群增加到10.65万群,中蜂蜂蜜(俗称"土蜂蜜")产量由不足2.5万kg增加到30.86万kg,蜂农增收0.85亿元。

科技在五倍子产业链中发挥了疏通堵点的作用。五峰县通过栽树而非毁林,不使用农药和化肥,成功培育了五倍子加工产业链和中蜂产业,探索出了农民脱贫致富的五倍子产业新路径。同时,总结了契合"两山"理念的"林药蜂"发展生态循环经济模式,凸显了林业科技对"林药蜂"模式的核心驱动作用。五峰县还获得了"五峰五倍子"国家地理标志商标,使其成为全国知名品牌。此外,国家"五倍子高效培育与精深加工工程技术研究中心"落户五峰,进一步促进了五倍子产业的发展。

2.2 林业良种修复模式——筑牢绿色林业产业基础

培育稳定、健康、优质、高效的森林生态系统是生态环境建设的目标,而拥有林木良种是实现这一目标的基础。加强林木良种培育,不仅能够加快林业发展速度,还能够提高人工造林的质量。然而,林木良种繁育周期长,需要做好充分的前期准备及技术规划。

为解决宜昌森林培育缺乏良种良法的技术瓶颈,宜昌林业科技人员历时40多年,联合中国林业科学研究院林业研究所、湖北省林业科学研究院等科研单位及高校开展科技攻关,先后从国内外引进落叶松等55个树种1469份材料,开展27项重大科技攻关项目,选育出日本落叶松和云杉的优良种源(或无性系),以及核桃和红花玉兰的良种,形成宜昌"两山"转化林业良种修复模式,促进良种增量转换。

利用日本落叶松培育短周期工业原料林,林地效益显著。宜昌引进栽植的15年生日本落叶松,蓄积量为269.5m^3/hm^2,固碳量达到183.7t。其蓄积量和固碳量是本土树种油松的8.3倍、华山松的3.9倍、马褂木的4.1倍。在30年的林地利用期内,每公顷日本落叶松比油松、华山松和马褂木经济效益分别高出15.48万元、13.94万元和13.70万元,固碳价值分别高出0.33万元、0.31万元和0.32万元。经过30多年的推广,2019年宜昌市日本落叶松面积达3 461.9hm^2,固碳量达24.32万t,每公顷固碳生态服务总价值为814.5元/年。

欧洲云杉是培育大径级储备林的优良建筑或纸浆用材树种。三峡植物园等单位在中国林业科学研究院的支持下,经过40多年的研究,选出了欧洲云杉优良捷克种源。与同类型本土树种相比,30年生欧洲云杉的蓄积量提高了52.2%~78.8%。25年生欧洲云杉的固碳量达222.17t/hm^2,比本土树种油松、华山松和马褂木的固碳量分别增加184.1t、154.35t和155.99t,是它们的5.9倍、3.3倍、3.6倍。目前,宜昌已建立欧洲云杉示范林100hm^2。

核桃是经济和生态兼用树种。为解决半高山地区核桃结实晚、坚果质量参

林业生态文明建设与绿色高质量发展研究

差不齐等问题,宜昌科技人员从 1997 年开始科技攻关,建立了鄂西核桃良种选育和高效栽培技术体系,在各县市推广建立高标准核桃林果兼用林。2021 年,宜昌市保存核桃面积为 10 万亩。与传统种植模式相比,2022 年新增收益 0.75 亿元。2023 年宜昌市核桃林固碳量达 23.64 万 t,碳汇价值为 236.4 万元。

红花玉兰是在五峰县发现的木兰新种。经过 10 多年的研究,选育出了红花玉兰新品种 21 个。五峰通过"公司+基地+农户"的模式,建立基地约 1.5 万亩,从事经营红花玉兰苗木的农户达 3000 多户。10 多年来,五峰培育绿化苗 160 余万株,收入 0.8 亿元,年均 800 万元。目前,红花玉兰已成为宜昌林木种苗知名品种。

科技力量助推林业良种选育,培育适合宜昌本地发展的林木良种,走出了一条林业良种修复模式,促进了林业产业的增量转换。这为宜昌市林地改造、新造林等提供了新的思路,也为乡村振兴致富探索出了新模式。

2.3 特色产业共促模式——打造宜昌柑橘"黄金"产业

宜昌市地处长江上游与中游的结合部,是鄂西山区向江汉平原的过渡地带,属亚热带季风性湿润气候,生态资源丰富,孕育了猕猴桃、柑橘、中药材等多种特色产业。然而,随着市场竞争的加剧和消费者需求的变化,提升产品品质、打造品牌、加强技术研究和推广、完善产业链等都需要各方共谋共促。

宜昌有 2000 多年的柑橘种植历史,属农业部(今农业农村部)规划的长江流域优势柑橘产业带范围。自"柑橘之父"章文才教授在宜昌推广脐橙、温州蜜橘以来,宜昌柑橘产业得到了大力发展。面对柑橘产能过剩和品种结构不合理的问题,宜昌的科研及生产单位在当地党委政府的领导下,与国内高校及其他科研单位合作,立足各柑橘产区的自然禀赋条件,围绕延长柑橘产业链,积极开展柑橘新品种引进和高效栽培技术推广工作。

秭归县常年组织 40 多名柑橘技术人员,通过田间课堂、网络课堂和基地课堂 3 种方式,常态化开展"农技随访"技术帮扶,构建脐橙种植户家家有技术员指导、人人都是种植能手的技术网络,不断提升柑橘品质,塑造秭归脐橙品牌价值,让脐橙成为秭归永久的"黄金"产业。同时,深化与科研院校的合作,压缩中熟脐橙栽培面积,扩大早、晚熟脐橙栽培面积,并形成了山脚种"伦晚",山腰种"红肉""长虹"和"夏橙",山上种"九月红"的四季柑橘产业格局。2022 年,秭归县 12 个乡镇约 20 万人种植脐橙,柑橘总面积 40.02 万亩,产量约 82 万 t,其中早熟和晚熟柑橘面积 21.82 万亩,产量约 44.8 万 t。早、晚熟柑橘品种面积调整后,以

2021 年价格估算,2022 年农户新增销售收入 12.74 亿元。

夷陵区和枝江市以实施乡村振兴战略为抓手,大力开展柑橘良种良法推广工作。枝江市大力调整品种结构,压缩宜昌蜜橘种植面积,扩大纽荷尔脐橙种植面积,规模化推广高产栽培技术。目前,枝江市柑橘种植面积 35 万亩,其中纽荷尔脐橙 10 万亩,总产量 75 万 t,总产值超过 20 亿元。全市柑橘种植户 5.6 万余户,人均年收入超过 0.6 万元。夷陵区依托宜昌市晓曦红柑橘专业合作社,推广大分 4 号柑橘 2 万亩,2022 年已有 1 万亩进入结果期。预计 2 万亩进入盛果期后,农户年新增销售收入 1.6 亿元。

2021 年,宜昌市柑橘面积达 212.77 万亩,居全国地市(州)之首,产量 404.69 万 t。全市有柑橘技术人员 247 名,100 万农民从事柑橘生产。柑橘产业成为宜昌的支柱产业之一,形成了秭归脐橙、宜昌蜜橘、清江椪柑等多个知名柑橘品牌。针对具有宜昌特色的柑橘产业,政府、科研机构、生产单位、高校、合作社等各方力量共谋共商发展之道,形成了"两山"转化特色产业共促模式,打造宜昌产业之城。

2.4 科普城市建设模式——林业科普助推休闲产业发展

宜昌市拥有丰富的旅游资源和优越的地理位置,以"两山"理念为指导,通过加强环保意识教育和科普宣传,提高公民的科学素质,保护城市自然资源和生态环境,打造具有地域特色、科技含量和生态环保的城市形象,对实现生态环境保护和经济发展良性互动具有重要意义。

林业科普是林业单位的职责之一。近年来,三峡植物园通过植物展示和科普教育活动,促进了休闲产业的发展,取得了良好的社会效益。三峡工程的兴建对库区濒危植物造成了一定程度的影响,这也成为国际上许多知名人士关注的重点。2002 年,三峡植物园建立了 20 亩濒危植物保存基地,保存了 56 种濒危植物。2014—2016 年,三峡植物园实施国家"宜昌三峡植物园珍稀濒危特有植物保护项目"等项目,建立了 400 亩亚热带濒危植物异地保存基地。截至 2022 年 1 月,该基地已保存木本植物 70 科 300 种,其中珍稀及保护物种 23 科 98 种。近 10 年来,三峡植物园积极策划项目,多方筹措资金,建立了 400 亩的荷花、观赏牡丹、桃花、玉兰、海棠、红梅、蜡梅等植物科普展示园。每年举办牡丹、水生植物、珍稀植物展示专题科普活动,年免费接待市民 20 多万人次,年保育物种生态效益达150万元,公众游憩休闲年经济效益达0.37亿元。

拓宽返乡农民工就业途径、开展特色产业种植技术培训,也是三峡植物园科普教育工作的重点。2008年国外金融危机之后,国内出现了外出务工农民返乡潮。据统计,2009年仅夷陵区有3.6万人返乡。为发挥本单位的林业科技优势,缓解返乡农民工的就业压力,三峡植物园先后通过在贫困村建立示范基地、开展专项技能培训班等方式,辐射带动夷陵区3000名返乡农民工再就业。2016—2019年,三峡植物园自筹资金210万元,在秭归、五峰、长阳等地建设了250亩猕猴桃推广示范园。2019年,秭归茅坪猕猴桃推广基地每亩收益达6000元。2022年,三峡植物园在夷陵区雾渡河镇推广道地药材200亩。同时,通过田间实操将香椿、李、杨梅、油茶等树种种植的关键技术传授给农民工。目前,香椿、李、杨梅、油茶等已成为当地脱贫致富的特色产品,也是休闲旅游采摘活动的首选,给农民带来双重收益。

三峡植物园通过植物展示、科普教育及技术培训助推宜昌市休闲旅游业发展,将植物资源和自然生态与旅游业相结合,让游客深入了解和欣赏宜昌市的自然风光和人文历史,提高游客的环保意识和文化素养,进一步推动宜昌市的"两山"转化进程。

3 总 结

宜昌林业和园林工作者深刻认识到,创新是引领发展的第一动力,科技创新在各类创新领域中占据着重要地位,科技兴则民族兴,科技强则国家强。党的二十大报告对推动绿色发展作出了总部署,林业科技人员更应立足岗位,面向世界科技前沿,面向经济主战场,面向国家重大需求,面向人民生命健康,脚踏实地地开展林业科研推广及科普工作,为社会提供良好的生态环境,并为科技创新助推"两山"成果转化总结更多的科技效益增量模式案例。

参考文献

丁峰,杨天忠,陈华,等,2017.宜昌智慧林业发展思考初探[J].湖北林业科技,46(2):64-67.

刘先新,2004.大力发展城市林业全面建设绿色宜昌[J].林业科技管理(3):4-6+8.

祁万宜,1999.宜昌市林科所的现状、问题与对策[J].湖北林业科技(2):34-36.

万永明,2019.宜昌市夷陵区林业科技推广存在的问题及对策[J].现代农业科技(1):134-135.

林业生态文明建设与绿色高质量发展研究

宜昌市国有林场林下经济产业发展现状及对策研究

李薇[1],刘磊[1],李争艳[1],王毅敏[1],高晗[2],张双英[1],高本旺[2]

(1.三峡植物园管理处,湖北宜昌,443100;
2.宜昌市林业科学研究所,湖北宜昌,443100)

摘　要:为推动林下经济产业发展,我们对宜昌市22个国有林场进行了专题调研。结果表明,在国有林场开展林下经济试点示范具有较好的带动效应。同时,本文运用典型案例对各国有林场发展林下种植、林下养殖、森林景观利用等产业模式的关键环节进行分析,剖析了当前面临的管理体制、技术资金、经营模式等方面的制约因素,并就国有林场开展林下经济试点示范提出规划设想和意见建议。

关键词:国有林场;林下经济;产业发展

按照中共中央、国务院印发的《国有林场改革方案》和《国有林区改革指导意见》,宜昌市国有林场改革于2019年顺利完成,基本实现了"生态功能显著提升,生产生活条件明显改善,管理体制全面创新"的改革目标,达到了国有林场"轻装上阵,转型发展"的目的。但改革后,宜昌市国有林场仍然存在基础设施不完善、发展不平衡等问题。同时,如何进一步深化改革成果,实现"生态保护优先、产业发展充分、基础设施完备、林区富裕和谐"的现代国有林场建设目标,推动国有林场绿色发展,成为国有林场改革在新形势下面临的新任务。为摸清各国有林场产业发展现状,总结推广林下经济产业成功模式和经验,带动全市林下经济产业发展,我们组织开展了本次专题调研工作。

1 调研的背景及意义

1.1 国有林场实现绿色发展的新任务新要求

习近平总书记指出,国有林场是宝贵的生态资源,是国家最重要的生态安全屏障和森林资源基地,在国家生态安全全局中具有不可替代的地位和作用。《"十四五"林业草原保护发展规划纲要》明确要求:要完善国有林场经营机制,推进绿色转型,加快大径级林木、国家储备林基地建设,推进国有林场和林木种苗融合发展,发展生态旅游、林下经济等绿色低碳产业。推动国有林场绿色发展,是进一步深化国有林场改革面临的新课题,也是落实"绿水青山就是金山银山"理念的生动实践。近年来,为促进湖北省国有林场林下经济发展,发挥国有林场在"两山"转化中的示范带动作用,省财政厅、省林业局持续安排专项资金用于支持国有林场发展林下经济试点示范项目。

1.2 耕地政策转型的新形势新需求

2020年国家相继出台制止耕地"非农化"和防止耕地"非粮化"政策,明确要求:禁止占用永久基本农田种植苗木、草皮等破坏耕作层的绿化装饰植物;严格控制耕地转为林地、园地等其他类型农用地。政策强调,永久基本农田要重点用于发展粮食生产,特别是保障稻谷、小麦、玉米三大谷物的种植面积。一般耕地应主要用于粮食和棉、油、糖、蔬菜等食用农产品及饲草饲料生产,在充分满足生产需求的基础上,方可适度发展非食用农产品。国家土地政策的调整,使得依赖农业用地发展的林木种苗等产业需转向林地发展,并对相关配套技术和运营模式提出了新需求。

1.3 发展新型林业产业的新趋势新方向

我国林业建设的主要任务已由以木材生产为主转变为以生态建设为主,为适应这一战略转变,需要发展新型林业产业,尤其是非木质资源林业产业。2012年,国务院办公厅颁布《关于加快林下经济发展的意见》,要求各地合理利用森林资源,科学规划林下经济发展。林下经济是依托森林、林地和生态环境,以复合经营为主要特征的生态友好型经济。它具有提高土地利用效率、增加林农收入、促进产业结构调整等经济意义,改良土壤、保持水土、提升生物多样性等生态意义,以及促进农民就业、改善农村环境、缩小城乡差距等社会意义。林下经济发展模式可以归纳为林下种植、林下养殖、林下采集加工和森林景观利用等四大类。

1.4 中药材产业发展需要新模式新技术

宜昌市野生药材资源丰富,但中药材种植产业在发展早期大多依赖野生药材的驯化种植,致使部分野生药用资源日益枯竭。同时,普通药农无法正确区分属内药材品种,造成药材品种混杂,质量参差不齐。在农田内种植中药材时,还存在滥施化肥、农药等问题,这些做法易导致地力下降,药材品质不达标,并可能有农药和重金属残留等。依托森林、林地开展的生态种植、仿野生栽培和半野生抚育等林源中药材经营模式,可以提供天然、绿色的道地药材,体现了新的健康理念、中医药发展理念和绿色经济理念,成为中药材种植的重要发展方向。《湖北省中医药振兴发展重大工程实施方案》明确要求,积极开展中药材生态种植、野生抚育和仿野生栽培,开发并示范推广中药材林下种植模式。

2 国有林场发展林下经济产业的效应分析

2.1 本底资源有基础

宜昌市现有国有林场 22 个,分布在 8 个县(市、区),经营总面积达 7.53 万 hm^2,森林覆盖率为 92.07%,森林蓄积量达 640.8 万 m^3,单位森林面积蓄积量为 92.4m^3/hm^2。这些国有林场是宜昌森林资源最丰富、森林景观最优美、生物多样性富集、生态功能最完善的生态区域,发展林下经济具有得天独厚的资源基础。

2.2 人员队伍有保障

全市22个国有林场共核定事业编制428名,并通过购买服务方式聘用专兼职护林员249名。林场人员经费和工作经费均得到财政保障,人员队伍比较稳定,且具备一定的林业专业知识,为发展林下经济提供了人才优势。

2.3 项目资金有支持

国有林场每年有固定的管护经费投入,森林防火、资源管护等日常工作开展得规范有序。同时,发展林下经济也获得了一定的项目资金支持,比如种质资源库项目资金、森林抚育项目资金、森林经营样板基地建设资金、森林大径材培育示范项目资金、森林质量提升补助资金等。整合并利用好这些项目资金,可以为国有林场开展林下经济试验示范工作提供资金保障。

2.4 基础设施较齐全

国有林场基础设施建设提升明显,场区道路交通、管护用房、用水用电、通信设施配套较好,发展林下经济产业具备了一定的基础条件。此外,各林场发展产业有一定基础,现已有部分林场开展了绿化种苗、森林康养、林下养殖、林下种植等试点工作,进行了有益探索,积累了丰富的经验。

综上所述,在国有林场发展林下经济具有明显优势,通过在国有林场开展林下经济特别是中药材种植产业的试点示范,选择适生优质品种、总结高效种植方法、探索经营发展模式,对区域内林下经济产业发展具有较显著的示范带动作用。

3 调研情况总结分析

3.1 各林场林下经济产业经营试点示范情况

3.1.1 林下中药材种植产业试点示范情况

五峰壶瓶山林场 2022—2023 年实施相关项目,种植白芨 8.25 亩、七叶一枝花 35.25 亩、淫羊藿 49.95 亩。据测算,淫羊藿块茎繁育 2 年便可采收茎叶,每亩产 50kg,按 100 元/kg 计,每亩年均增收 5000 元,且淫羊藿一次性种植后,可连续采收 5~10 年。项目可带动周边 20 余户农户,建立超过 250 亩的林药产业融合产业化基地,户均增收 8000 元以上。

秭归九岭头林场 2023 年实施森林经营林下经济试点示范项目,种植黄精 12.15 亩、云木香 36 亩。项目总投资 52.66 万元。其中,林地清理、土地整理、种子购置及栽植、施肥等费用共计 35.92 万元,两年养护期的除草、施肥、田地养护、虫害防治及聘请专业技术服务等费用 14.64 万元。综合计算,中药材种植每年每亩投入 7143 元。

长阳土地岭林场与宜昌众赢药业有限责任公司合作,在资丘杨家桥(海拔 900~1600m)建设了 49.95 亩当归试种基地,积极探索中高山林下无公害药材发展路径。

在以上试点林场林下种植的中药材种类主要有淫羊藿、七叶一枝花、黄精、黄连、白芨和云木香等。其中,淫羊藿为小檗科淫羊藿属多年生草本珍贵药材,适宜在海拔 450~1200m、郁闭度 0.6~0.7、坡度小于 25°的针叶林及阔叶林下种植。种植后第二年可以采收茎叶,采收期可持续 5~10 年。七叶一枝花为百合科重楼属多年生名贵中药,适宜在海拔 600~2500m、郁闭度 0.4~0.7 的针叶林及阔叶林下种植,3~5 年后可采收块茎入药。黄精为百合科黄精属药食同源大宗中药材,适宜在海拔 800~1000m、郁闭度 0.4~0.8、坡度小于 25°的针叶林及阔叶林下种植,采收期为种后 3~5 年。黄连是毛茛科常绿多年生草本植物,根、茎、叶均可入药,是我国传统名贵中药材之一,适宜在海拔 1000~1800m、郁闭度 0.7~0.8 的针叶林及阔叶林下种植,种植后第五年即可收获。

综上所述，林下种植中药材的品种选择至关重要。应选择多年生（对林地扰动较少，有助于规避市场风险）、价值高（适宜进行绿色种植，满足高端产品需求）且能适应海拔、坡度、郁闭度等生境条件的名贵或道地药材种类。然而，这种种植方式也面临着投入成本高、种植管理技术难度大等问题。因此在经营模式上，宜选择与有技术实力、种植经验的企业或大户合作发展。

此外，金银岗国有试验林场依托自身资源优势，收集并保存了药用植物资源98科205属230多种，为药用植物种质资源的引种繁育、选育应用储备资源。同时，该林场积极开展珍稀药材繁育栽培研究，已形成一系列专利成果及地方标准，初步建立了种质资源保护、科研攻关、推广示范的技术支撑体系。

3.1.2 林下养殖产业试点示范情况

当阳香炉山林场有农户发展林下养鹅，2022年养殖规模3000只，实现产值40多万元。2022年香炉山林场争取省级林下经济试点示范项目资金50万元，用于发展林下养羊，养殖规模200只，年产值10~15万元。当阳跑马岗林场有农户选择林相较好的成熟林地100亩，尝试林内养猪，从2020年起，每年养殖60头，每头猪出栏时毛重超过175kg，售价12.5元/kg，年销售额达50万元以上，实现利润20万元以上；当地及周边2个农户每年在林内养蜂300箱，产蜂蜜1万kg，产值超过70万元。

林下养殖分为林禽、林畜、林蜂等多种模式。其中，林禽和林畜模式对林地干扰较大，需严格控制养殖方式和养殖密度。若超出林地承载力进行过度养殖，易对林地植被造成破坏，因此应适当控制发展规模。相比之下，可优先选择林蜂模式。

3.1.3 其他林下经济产业试验示范情况

当阳跑马岗林场、紫盖寺林场、郭家场林场、香炉山林场均有经济林或绿化苗圃地外包经营，远安大堰林场发展猕猴桃种植业，远安任家岗林场和长阳观坪林场发展森林康养，五峰北风垭林场建有国际滑雪场等。其中，当阳郭家场林场有大约2000亩苗圃承包给个人经营，并带动周边3个村500余户发展苗木基地6000亩，建设大型苗木交易市场1个，年销售收入达5000万元，是国内最大的香樟控根苗基地。当阳跑马岗林场有成熟柑橘林300亩、绿化苗木约100亩，2021年新定植花椒约100亩，均以租赁形式承包给个人经营。2022年，柑橘产值达到150万元，绿化苗木销售额约10万元。当阳紫盖寺林场有柑橘约2000亩，承包给 90 余户经营。当阳香炉山林场也有约 200 亩经济林外包经营。远安任家岗林场与宜昌市交通投资有限公司合作开发了总投资 2.1 亿元的太平顶森林度假小镇；五峰北风垭林场建成了华中地区规模最大、功能最全的高山滑雪场。

林场产业发展涉及绿化种苗、特色水果种植、森林康养旅游等多个方面，且取得了显著的经济效益和社会效益，为宜昌市国有林场实现绿色发展提供了积极有益的探索和示范。

3.2 产业发展存在的问题及瓶颈

3.2.1 各林场林下经济产业发展不平衡

通过调研发现，部分林场产业基础较好，例如当阳的 6 个国有林场均有经济林、苗圃地、林下养殖、林下采集等产业基础，每年有一定的产业经营收入。然而也有部分国有林场以保护森林资源为主要职责，并未开展产业经营活动，这可能与各林场所处地理位置和资源状况有关。

3.2.2 管理体制机制方面存在制约

国有林场完成改革后，大多被调整为公益一类事业单位进行管理，人员和运转经费均纳入市县两级财政预算，林场开展产业经营时缺乏相应的绩效激励机制，做与不做、做多做少与个人和林场的经济收益没有直接关联，这影响了发展产业的积极性。此外，宜昌市国有林场森林资源大多为国家级重点公益林，开展林下经营的范围受到限制。发展林下种植一般需要对林分进行抚育采伐，以满足种植品种对郁闭度的要求，这与现有的抚育采伐技术规程容易产生冲突。

3.2.3 缺乏发展林下经济的技术、人员及资金

发展林下经济必然面临前期投入，尤其是开展种植和养殖项目时，购买种苗、整地、种植等环节需要投入大量资金。据九岭头林场测算，中药材种植投入达 7143 元/亩，且不包含森林抚育费用；兴山坟淌坪林场种植天麻的预算中，抚育整地、栽植人工费为 1.98 万元/亩，种苗费用达 1.45 万元/亩。国有林场中，仅有一小部分能够依托项目支撑启动试验示范，大部分林场都缺少发展林下经济的专项资金。此外，从事种植和养殖产业还需要具备一定的专业知识和实践经验，仅依靠国有林场自身的技术力量无法胜任，同时林场对市场的把握也存在欠缺。

3.2.4　发展林下经济缺乏明确目标和适宜模式

在调研中,我们征求了各林场关于林下经济产业发展的意向。少数林场具备一定的产业基础,思路较为清晰;而其他林场对开展林下养殖和林下种植的具体模式、品种还不明确,急需解决品种选择、栽培技术和运作模式等问题。目前,开展林下经济试点的林场数量较少,且均处于起步阶段,对经营管理模式的运行总结不够充分,林下经济的成本效益核算还无法有效开展。因此,需要扩大试点示范范围,持续总结相关经验。

3.2.5　对于开展林下经济试验示范工作思想破冰不够

调研过程中,我们发现各国有林场对发展林下经济的积极性都很高,但在国有资产管理、收益分配、技术的成熟性方面存在顾虑。这导致部分林场害怕承担政策风险和经济责任,有畏难退缩情绪,没有积极主动地进行谋划和尝试。为此,需要各级主管部门出台相关文件,从行业政策、绩效考核等方面给予松绑和激励,鼓励各国有林场开展林下经济试点示范,推动创新发展。

4　国有林场林下经济发展设想

4.1　林下经济主要模式推荐

适宜在国有林场发展的林下经济模式主要有林下种植(林药、林苜、林花、林菌、林果、林菜等)、林下养殖(林蜂、林禽、林畜等)、林下采集(松脂、漆油、松菌等)和森林旅游等。结合宜昌市实际情况,并考虑对森林生态的正向性,可以重点发展林药、林蜂等模式,适量发展林禽、林畜、林苗、林花、林菌及林下采集等模式。其中,若采用林禽模式,可拓宽传统养殖品种,发展竹鸡、肉鸽、野鸡、孔雀等小众、高附加值种类;若采用林苗模式,可跳出传统发展园林绿化苗木的思路,以地方优良树种和珍贵用材树种为主,针对重大林业工程用苗进行定向培育;林花模式则主要在交通便利、有开发条件的林场开展,利用野生分布的高山杜鹃、映山红、宜昌百合、湖北海棠等乡土特色花木资源,或人工在林下种植多年生草本或灌木花卉(牡丹、芍药、玉簪、绣球等),发展观花休闲旅游。比较成功的案例有夷陵区乐天溪镇金刚山的映山红花海等。各林场可根据自身条件和产业基础选择1～2种模式开展试点示范。

4.2 宜昌市国有林场发展林下经济的规划设想

4.2.1 东部丘陵低山区

东部丘陵低山区主要有当阳、远安、宜都等地的国有林场。该区域海拔在1000m以下，坡度相对平缓，土层较厚。该区域绿化苗木、经济林产业已有一定基础，适宜发展林下养殖（林蜂、林畜、林禽等）、林下采集（松脂、松菌、橡子等）和林下种植（林花、林果、林菌）等。在发展林下养殖时，应谨慎控制养殖密度和规模，避免对森林生态造成破坏；松脂采集可结合湿地松的轮伐周期，科学合理安排。

4.2.2 中西部中高山区

中西部中高山区主要有夷陵区、秭归、兴山、长阳、五峰等地的国有林场。该区域为重点生态区域，平均海拔在1000m以上，坡度大，土层薄。该区域适宜发展林下种植（林药、林菜、林花等）、林下养殖（林蜂）和森林旅游。该区域内中药材资源丰富，适生品种多，药材产业发展基础好。在林下种植中药材时，宜选择适应性好、市场价值高、生长周期长、栽培技术较成熟的品种，并采用与龙头企业、种植大户合作的经营模式。林花模式可开发利用特色野生花卉资源，但应适度发展，不能对生态环境造成破坏性影响；林菜模式可选择薇菜、天葱、天蒜等人工种植。

5 相关意见及建议

5.1 出台鼓励国有林场发展林下经济试点示范的政策

深入贯彻落实党的二十大精神和习近平总书记重要指示精神，根据宜昌市委《关于进一步激励广大干部敢闯敢为担当作为的意见》及《宜昌市容错纠错实施办法》等相关文件精神，各级林业主管部门出台相应政策措施，划清政策底线，鼓励创新创业,允许各国有林场在不违背国家生态建设红线的基础上,进行试验探索,不以经济指标作为唯一考核依据,注重对新品种、新模式的总结提升及推广应用效果的考核。

5.2 给予国有林场发展林下经济试验示范的资金支持

各林业主管部门应鼓励并积极配合国有林场申报林下经济产业发展项目,并协调将国有林场开展林下经济试点示范项目资金纳入地方财政预算,或采取以奖代补的方式,为国有林场提供专项资金;积极探索引入社会资本参与森林资源经营、发展林下经济产业的新路径。

5.3 开展科技攻关探索,总结适宜的栽培经营模式

选定3～5个具有地方特色、市场优势的中药材品种,成立科技攻关团队,给予资金、项目扶持,针对产业化发展中的瓶颈问题开展技术攻关;鼓励前期已开展林下经济产业示范的国有林场及时总结经验,对不足的方面提出改进建议,对成功经验加大交流推广力度,在全市国有林场范围内营造出积极创新、比学赶超的氛围。

5.4 建立林下经济专家技术团队和服务体系

充分发挥宜昌市委农村工作领导小组办公室组建的宜昌市中药材产业专家团队的科技支撑作用,对各国有林场发展林下经济进行技术指导把关;广泛联系跟踪中药材种植龙头企业、合作社、大户,把握宜昌市中药材生产经营活动和发展动向;团结一批乡土专家,总结一批实用栽培技术。

参考文献

陈幸良,2022.林下经济学的缘起、发展与展望[J].南京林业大学学报(自然科学版),46(6):105-114.

胡卫江,李嘉怡,牛明月,等,2022.浙江省国有林场高质量发展成效探析

[J].林业资源管理(S1):59-65.

李冰,王亚明,张灵曼,2022.新时期推动国有林场绿色发展的路径研究[J].林业资源管理(S1):1-7.

李春民,李毅,丁津京,等,2013.鄂西南山区林下黄连种植模式优化[J].林业科技开发,27(5):120-123.

李云飞,周洁,王友海,等,2016.宜昌市中药材产业发展研究[J].农村经济与科技,27(1):116-118.

林进,徐冰,衣旭彤,等,2022.深化国有林场改革推动绿色发展路径探析[J].林业资源管理(S1):52-58.

彭静,彭信海,罗先权,等,2016.黄精林下栽培技术[J].湖南林业科技,43(6):105-108.

苏海兰,郑梅霞,陈宏,等,2020.七叶一枝花林下仿生态栽培关键技术[J].福建农业科技(4):67-70.

王枫,陈幸良,2022.我国林源中药材产业高质量发展研究[J].中国林业经济(3):106-110.

王建淇,刘晓平,牟葵,等,2021.城固县林下淫羊藿栽培技术[J].陕西林业科技,49(6):99-100+105.

王妍,陈幸良,2022.我国林下经济研究进展[J].南京林业大学学报(人文社会科学版),22(4):80-87.

杨云,2016.多花黄精林下栽培研究进展[J].安徽农业科学,44(35):147-148.

下篇　专题报告:多维视角为长江经济带高质量发展"赋绿增能"

罗田县板栗产业发展现状及振兴对策

廖家志[1,3],方洪元[3],王宵[2],杨姝琦[2],张琪[2],李晖[2]

(1.罗田县林特产业发展中心,湖北罗田,436600;

2.湖北省林业科学研究院,湖北武汉,4300753;

3.湖北省林科院大别山特色经济林木研究院,湖北罗田,436600)

摘　要:板栗产业是罗田强县富民的支柱产业,但一直以来,罗田板栗产业离强县富民的目标还有差距,地位逐步下降,干部群众对板栗产业发展也缺乏信心和热情。为此,本文通过对罗田板栗产业进行深入调研,全面总结了罗田板栗产业发展现状,客观分析了制约罗田板栗产业发展的问题和原因,从而提出罗田板栗产业振兴发展对策。

关键词:板栗产业现状;发展对策;罗田县

1　产业现状

罗田县是中国南方板栗主产区的中心,板栗栽培历史悠久,先后荣获"全国科技兴林示范县""全国板栗优质丰产标准化示范县""全国经济林建设先进县""中国名特优经济林(板栗)之乡"等称号,2020年成功创建中国特色农产品优势区。罗田板栗产业具有以下7个鲜明特点。

1.1　生产规模化

2023年,全县建成板栗基地60万亩,占全省的14.4%、全国的2%;常年产量6万t,占全省的15.6%、全国的3.5%;建成罗九公路、罗胜公路和318国道3

条"百里板栗长廊",板栗种植覆盖全县 90％以上的村、组,全县栗农 13 万户,人均栗园面积接近 1 亩,从板栗生产中直接受益的人口有 30 多万人,初步形成了"栗农＋产业合作组织＋企业"的产供销发展模式。

1.2 加工集群化

2023 年,全县共有板栗加工企业 38 家,其中规上企业 7 家,年产值过亿元企业 1 家,省级林业产业化重点龙头企业 5 家。全县冷藏库容达 5.5 万 t,年加工量超过 5 万 t。从企业数量与加工能力来看,罗田已基本形成全国最大的板栗加工集群。

1.3 产品系列化

罗田板栗加工产品共有 30 多个品种,涉及五大系列,即以栗甘露煮糖水罐头为代表的罐头系列,以保鲜板栗、保鲜栗仁为代表的保鲜系列,以速冻栗仁、速冻栗丁主打的速冻系列,以"小栗哥""小 Q 栗""开口笑"为代表的休闲食品系列,以板栗鸡汤为代表的预制菜系列。近年来新开发的板栗汁、板栗蓉和板栗饼等产品也逐步打开了市场。

1.4 科研成果化

在湖北省林业科学研究院、湖北省农业科学院和华中农业大学的技术支持下,罗田县先后完成了板栗产业 18 项课题研究,其中 12 项获得省、部级科技进步奖。"罗田乌壳栗""八月红""六月爆""金栗王""玫瑰红"等品种均通过了良种审定。

1.5 市场多元化

近年来,罗田发挥"电商直播大县"优势,推进"互联网＋板栗",发挥"谷哥"网络名人效应,做强"北纬 30 度"电商龙头,打通双向物流体系,搭建线上市场,促进线上线下两大市场同步发力。罗田板栗市场已覆盖全国 30 多个省(区、市),产品出口至 20 多个国家和地区。随着加工业发展,罗田板栗的收购范围已从本县扩展至辽宁、河北、山东、河南、安徽、云南等产区,正在朝着"买全国、卖全球"的方向发展,该县成为我国南方最主要的板栗集散中心。

1.6 产业一体化

罗田围绕实现板栗产业链高质量发展的总目标,采取"三产带二产促一产"的策略,以政府有为促市场有效,推动产业融合一体化发展。同时,通过栗药共生、栗畜共养、栗游共建等模式创新产业增长途径,实现产业链的延伸和强化。一是实施"板栗＋中药材"模式,发展栗园林下种药,推广"栗药共生"做法;二是推行"板栗＋黑山羊"模式,发展栗下种草养羊,推广"栗羊共养"经验;三是打造"板栗＋旅游"模式,建设板栗公园,发展板栗文化,开发板栗特色旅游项目,将"打板栗""板栗宴"和"板栗伴手礼"相结合,为板栗产业链培育新的增长点;四是拓展"板栗＋电商"模式,通过销售鲜板栗、加工制品,推出"板栗球",并将"板栗土鸡汤"打造成网红产品,实现电商与板栗产业互利共赢、共同发展。

1.7 精品名牌化

罗田实施品牌发展战略,以区域公用品牌建设引领产业发展。2000 年,罗田荣获"中国板栗之乡"称号。罗田板栗于 2007 年被认定为国家地理标志保护产品,2012 年又成功注册国家地理标志保护产品证明商标。全县有板栗产品商标 26 个,其中"可口香""栗乡""罗田红"3 个商标已成为"湖北省著名商标","开口笑栗"被评为"湖北名牌产品",同时"富硒板栗"等多项技术获得国家专利。2024 年,38 家企业、合作社经授权使用"罗田板栗"地理标志和证明商标。2021 年,"板栗之乡·湖北罗田"成功入选中央电视台"品牌强国"工程。此外,"罗田板栗"还先后被评为"湖北名牌""湖北市场首选知名品牌"。2020 年,罗田板栗品牌评估值达到 26.98 亿元,位居湖北各类农产品区域公用品牌前列。

2 存在的问题

罗田板栗产业虽已具备以上鲜明特点,但近年来,由于种种原因,板栗产业在走下坡路,地位逐步下降,发展陷入困境,主要表现在以下 5 个方面。

2.1 产量急剧下降

据统计,2011 年罗田板栗总产量为 6.8 万 t,达到历史最高峰值。此后连年大幅下降,年均递减 16% 左右。该县凤山镇鲶鱼丘村的板栗年产量最高时曾超过 15 万 kg,但最近几年,每年产量不足 5000kg;地处罗田城郊的丰衣坳板栗场,过去是罗田的高产示范园,外地考察参观者络绎不绝,但场主反映,近几年却"很少动竹竿,收益极不理想"。

2.2 价格持续低迷

河北迁西板栗每千克均价在 16 元以上,部分年份达到 22 元,最高时达到 32 元;而罗田板栗每千克均价却不足 8 元,少数颗粒较小的甚至不到 4 元,价格长期在低位徘徊。

2.3 品质严重退化

消费者和加工企业普遍反映,罗田板栗存在几个显著弱点:一是不易储存,存放时间长了就会腐烂变质,出现黑斑;二是虫害严重,栗中生虫,令人望而生厌;三是没有全面实行分级包装,良莠不齐,不能满足消费者的需求,抑制了购买欲望。由于罗田板栗品质不断退化,因而其出成率远低于外地板栗,不少加工企业宁可高价收购外地板栗,也不愿意收购罗田板栗。

2.4 企业带动不强

全县具有较强板栗加工生产能力的企业较少,大多采用作坊式、季节性生产方式,小打小闹、难成气候。湖北绿润食品有限公司,湖北华丽食品有限公司等一些早期的规模加工企业因经营不善,已陷入生产困境。现有加工企业的产品中,80%以上为板栗罐头,附加值很低。加之企业间相互压价,加工利润微薄,企业生存面临困难。由于资金短缺,企业在板栗园流转、鲜板栗收购方面较为谨慎,在板栗综合利用、剥壳去皮、储藏保鲜、精深加工等方面还缺乏领先技术。尽管罗田板栗销售范围较广,但因市场化运作手段落后、市场占有率低、销售价格低,尚未形成集群效应,没有做大做强,带动能力明显滞后。

2.5 品牌受到冲击

近年来,大量外地板栗进入罗田,一部分直接进入市场销售,一部分用作罐头加工,外地板栗和罗田本地产板栗未作区别,鱼龙混杂,致使"罗田板栗"这一"国家地理标志保护产品"的声誉直接受到损害。

3 原因分析

3.1 产品供应链不健全,难以促成规模化生产

罗田板栗的大规模发展始于农村实行生产责任制之后,那时板栗主要栽种在房前屋后、自留山和自留地上,千家万户自种自管、自产自销。这种分户单干的生产经营体制与当时的农村政策和客观条件相契合,有效调动了广大农民的板栗生产积极性。然而,几十年过去,形势已发生了翻天覆地的变化,这一体制已经难以适应当今市场经济条件下规模化、市场化、专业化的生产需求,其弊端日益凸显:一是低产栗园难以实施规模化改造。罗田栗园普遍存在栽植过密、树形高大的问题,既影响产量,又不便于采收,需要大面积间伐改造。但现在每片

栗园中均拥有多个户主,群众都不愿意间伐自家的栗树,致使大面积改造很难落实。二是生产管理水平难以提升。部分家庭主要劳力长年外出打工,栗园无人管理,长期荒芜;部分家庭虽有劳力在家,但认为板栗投入与产出不成正比、经济效益低,不愿下功夫去管理;部分家庭板栗面积较大,也有一定收入,希望能够管好栗园,但缺乏技术指导,不知道如何科学管理。这既是罗田板栗生产环节的一个突出问题,也是导致产量不高、品质退化的一个重要原因。

3.2 产业价值链提升不足,难以调动农民的生产积极性

受板栗种植效益低下的影响,大量劳动力外出务工,栗园缺乏管理,人种天养的现象较为普遍。现在,只有少数栗农在进行栗园改造、病虫害防治和施肥等基础性管理,"栗贱伤农"成了不争的事实,也成为板栗产业振兴面临的最大难题。此外,板栗采摘、剥壳、加工的机械化程度低,生产过程中劳动力投入多,劳动强度大,加上生产资料价格持续上涨,导致生产成本不断升高,阻碍了板栗产品市场竞争力的提高。影响栗农生产积极性的因素主要有以下几点:一是人工成本问题。如今,一个整劳力在家门口打工或帮工每天可收入 150~200 元,半劳力也可收入 80~100 元,还可获得免费中餐或晚餐;而如果雇工采收板栗,板栗的销售收入往往还抵不上工钱。为此,近几年已有不少农户放弃板栗采摘。二是投入成本问题。近 5 年间,化肥、农药等生产资料价格持续上涨,但板栗价格并未同步上涨。三是风险问题。在国外和我国迁西县,都是待板栗完全成熟从树上自然掉落后才集中收捡,安全风险较小;而罗田一直沿袭打板栗的传统习惯,导致栗球刺伤眼睛、人员从树上摔下造成伤亡等事件时有发生。四是效益对比问题。与其他种植项目相比,种植板栗的经济效益并不理想。这种对比算账法,从长远和大局来看虽有一定片面性,但的确反映了当前罗田板栗效益低下的现实。

3.3 加工端创新能力不强,难以发挥龙头带动作用

经验表明,农业必须走产业化经营之路,必须建立完善"龙头企业(市场)+基地+农户"的经营模式,形成完整的产业链条,充分发挥龙头的辐射带动功能。罗田在这方面存在明显不足,龙头企业还没有抱团发展,也没有形成完整的产业链条,大部分企业始终未能做强做大,更谈不上发挥龙头的辐射带动功能。

3.4 政策支持服务力度不够,难以推动产业振兴发展

政策支持服务板栗产业振兴发展力度不够,具体表现在:缺乏统一规划,齐抓板栗产业的观念尚未形成共识;政府财政支持有限,资金投入不足;部分企业和农户缺乏"店小二"精神;推动板栗产业振兴发展的氛围不浓厚,缺乏行之有效的措施。例如,2022 年在板栗产业链建设上出台了 14 项以奖代补政策,但这些政策并未得到很好的落实。

4 振兴对策

4.1 转变发展思路

罗田县应持续贯彻"以三产带二产促一产"的发展战略,坚持以市场为导向,"强基地、壮龙头、促融合、抓创新、亮品牌",突出推进生产规模化、标准化,突出打造"罗田板栗"区域公用品牌,突出培育领军龙头企业,突出科技创新,完善板栗生产、加工、销售体系,着力提升板栗价值链。坚持把板栗与中药材、黑山羊一起列为罗田三大特色农业产业链和"五个一"工程严格督考,按照现代农业的发展要求,坚持以市场为导向,迅速实现"四个转变":一是由规模数量型向质量效益型转变。保持现有板栗面积总体稳定,不再大规模发展新板栗园,不过分强调面积和产量,着力在板栗全产业链建设上做文章,重点抓好板栗低产林改造和品种改良,按照市场需求,分区发展早、中、晚熟品种,优化种植结构。按照产业化要求和经营目的,实行多指标综合评价,确定鲜食品种和加工品种,重点选择培育加工贮藏性好的品种,开发板栗系列产品。二是由分散经营型向规模经营型转变。鼓励支持一批专业合作社和种植大户通过承包、租赁、流转等形式,将分散经营的栗园集中起来,实行统一管理。三是由单一经营型向多元融合型转变。大力发展板栗林下经济,提高土地综合利用率和经济收入,结合全域旅游,积极探索推出板栗赏花游、板栗采摘游、板栗美食游等旅游产品,拓展发展空间,丰富产业形态,提升全产业整体效益。四是由粗放管理型向科技创新型转变。建立

一批高产示范园,培育一批科技示范户,推出一批实用技术和管理模式,闯出一条创新发展、高产高效之路。

4.2 完善政策支持

坚持把"政府有为促市场有位"优先落实在支持板栗产业发展政策上,制定中长期《关于加快推进农业产业化若干措施》,落实好支持板栗产业发展的14项奖补政策,继续从龙头企业建设、品牌建设、新产品开发、发展线上线下销售、发挥协会作用、带动基地建设等环节,对在产业链工作中发挥积极带头作用的市场主体实行奖补,充分调动市场主体的投入积极性,并积极引导社会资金投入,为促进产业发展奠定政策基础。同时,通过出台《罗田县板栗再担贷"白名单"管理暂行办法》,深入开展政府、银行、企业合作,切实解决企业收购资金困难。同时,在政府直接投入上,应连续5年保持本级政府投入资金不少于1000万元,用于支持板栗低产林改造和病虫害统防统治。

4.3 强化科技支撑

大力开展"院地合作",保障科研经费,坚持把湖北省林科院大别山特色经济林木研究院等科研院所作为板栗产业振兴发展的科技支撑平台,坚持以下派、项目合作等方式,引进硕士、博士等高层次人才,共同开展板栗良种选育、板栗病虫害生物防治研究、板栗加工机械改良、板栗低产林综合改造技术等技术攻关与示范推广项目,有针对性地解决罗田板栗生产中的技术难题。

4.4 加强企业培育

着眼于企业做强、产品做精,拓宽加工企业融资渠道,鼓励和支持板栗加工企业利用资本市场筹集发展资金,通过股份制、股份合作制等多种形式,吸引城乡个体私有资本、集体资本、国有资本、国外资本投资板栗加工企业,实现投资主体多元化。鼓励支持现有加工企业中规模过小、设备老化、技术落后、环保和安全不达标的作坊式车间兼并联合,抱团发展,坚持把奖补政策、扶持政策重点向规上企业倾斜,实行每增加1000万元产值政府奖补10万元等政策,鼓励老企业扩规模、扩产能，形成龙头。支持板栗加工企业扩规扩产、进行技术改造，提升产能，培育壮大板栗产业领军龙头企业，力争用 2~3 年时间，在板栗产业中培育 1~2 家国家级农(林)业产业化龙头企业，推动板栗产业链"强筋壮骨"，提升龙头企业对全产业链的带动能力。

4.5 加大品牌保护

切实加强对"罗田板栗"品牌的保护和利用：一是借鉴河北迁西经验，通过实行"一牌一证一合同一公示"的管理模式，切实维护地标产品的严肃性、权威性，对外地流入罗田的板栗和以外地板栗为原料的加工产品，一律不得冠以"罗田板栗"品牌进行销售。二是要抓好企业知名品牌创建。对获得省级以上著名商标的，县政府应给予一定奖励。三是要大力进行品牌推介。加大媒体宣传力度，通过举办展会、交易会和参加博览会品牌推广活动等多种方式，不断提升"罗田板栗"品牌的影响力。四是高度重视板栗文化建设。规划建设板栗博物馆，打造一批板栗公园，充分挖掘罗田板栗文化，编印制作一批板栗宣传作品，强化板栗文化底蕴。

4.6 推进项目建设

一是推进佳佳食品二期项目，使其新建的 3 个加工车间尽快投入生产，扩建的 1000t 冷库尽早投入使用；二是推进益佳食品三期项目，落实项目用地，确保项目早日开工并加快建设进度；三是推进八里畈板栗公园建设项目，促其早日建成并投入运营；四是推进补短板项目，完善县农业智慧园冷链物流体系、智慧农业平台、地标优品博览中心、检测中心等配套设施建设。

4.7 建设板栗供应链

改革生产经营体制，实行"三化"(内部市场化、工作标准化和考核制度化)同步。以巩固全县板栗基地规模为基础，着重解决板栗生产提质增效问题。创新生产组织形式，大力发展板栗生产专业合作社并做实强村公司，促进板栗向合作社、强村公司流转集中，实现生产规模化；完善《罗田板栗生产标准》，以建设板栗标准化示范园为引领,促进老栗园进行"密改稀、高改矮、劣改优、杂改纯、增套种"改造,全面推进板栗生产标准化;大力推广"六月爆""八月红""罗田乌壳栗"等市场销售好、销售价格高的优良品种,进一步提升罗田板栗的产量和品质,着力推进罗田板栗生产良种化。同时,创新产品销售模式,坚持把罗田板栗供应链建设作为现代板栗产业建设的重要突破口,由罗田县农投科技发展有限公司设立全资子公司——罗田县农业产业供应链公司,以此公司为核心企业,以各乡镇强村公司为村级市场主体,以电商、加工企业为主要供应对象,构建板栗产业供应链体系,实现供应链购销"五统一"——统一品牌、统一标准、统一包装、统一价格、统一渠道。

4.8 坚持融合发展

大面积推广栗茶间作、栗药共生、栗羊共养、板栗+旅游、板栗+电商等多种融合发展模式,促进板栗与旅游两大产业强强联合、深度融合,让这些模式为板栗产业增添产值,给群众带来效益。

4.9 推进数字赋能

大力推广智慧农业平台在板栗产业链中的应用,依托平台,构建板栗产业大数据服务体系,开发板栗生产模型及农事专家服务,实现可视化溯源等功能,力图通过数字赋能,推动板栗产业链高质量发展。

参考文献

胡艳生,胡兰捷,2012.湖北省罗田县板栗产业发展的 SWOT 分析[J].安徽农业科学,40(35):17351-17353.

林云,晏绍良,李爱华,等,2021.罗田县板栗产业发展现状及对策[J].湖北林业科技,50(2):37-41.

刘红,宋光森,2004.制约湖北省板栗产业化的因素分析[J].统计与决策(9):115-116.

下篇　专题报告：多维视角为长江经济带高质量发展"赋绿增能"

长江江豚首次野化放归的探索与实践

曾强[1]，刘小宇[1]，江华炎[1]，高强[1]，徐子佳[1]，陈懋[1]，邓云鹏[1]

(1. 湖北长江新螺段白鱀豚国家级自然保护区管理处，湖北洪湖，433299)

摘　要：长江江豚是中国特有的淡水鲸类动物，由于人类活动对其生存环境的不利影响，迁地保护成为拯救这一物种的关键措施之一。但是，迁地保护只是过程，其最终目标是在长江干流环境改善后，将迁地保护的江豚重新放归，促进长江江豚自然种群的恢复。近年，经过在老湾故道的野化训练，两头迁地保护的雄性江豚成功适应了近似长江干流的环境，并最终被放归至长江自然水域。此举标志着长江江豚的迁地保护完成了技术闭环。本文将深入解析这一研究，探讨江豚野化放归的过程、结果和意义。

关键词：长江；长江江豚；野化训练；适应性；放归；迁地保护

长江江豚为我国国家一级重点保护野生动物，分布于长江中下游流域，是我国现存唯一淡水鲸类。自 20 世纪 80 年代以来的调查显示，截至 2017 年，长江江豚的种群数量呈现逐步下降的趋势，主要原因是栖息地破坏、食物资源减少、航运及涉水工程增加等。

1　迁地保护与野化放归

迁地保护是濒危动物保护的 3 种方法之一，其最终目的是待动物原栖息地环境改善后，将其释放至野外以增加野生种群的数量和遗传多样性，重建或复壮野生种群。然而，迁地保护的种群长期处于人类设置的优良环境中，部分生活习性可能已发生改变，若未经适当的野化训练过程直接进入野外环境，则可能因行为、捕食能力等方面不适应而导致死亡。因此，合理的野化训练是迁地种群放归前的必经之路。

20世纪90年代,为应对短期内无法改变的长江生态环境恶化的状况,保留长江江豚的有生力量,我国启动了长江江豚的迁地保护计划。时至今日,迁地保护工程已取得了初步的成功,各个迁地保护区的江豚种群数量逐渐稳定增长。然而,迁地种群面临着环境容纳量有限、近交衰退风险、缺乏基因交流等问题,因此野化放归成为下一步迁地保护工作的迫切需求。在长江大保护、十年禁渔的推动下,长江水域的生态环境质量逐渐提升,鱼类种群密度逐渐提高。因此,为了促进江豚自然种群的恢复,有必要尝试将部分迁地保护区的江豚通过野化训练后释放至长江干流及两湖等环境较好的区域。

2011年,中国科学院水生生物研究所对一头在白鱀豚馆生活了近8年的江豚进行野化训练后,成功将其软释放至天鹅洲故道迁地保护区。需要注意的是,天鹅洲故道是受控水体,具有丰富的鱼类资源,且无航运和渔业捕捞活动,水体常年保持静水状态,与长江的野外环境存在显著差异。因此,该举措实际上并未实现将江豚野化放归至完全自然的栖息地中,但它证明了江豚野化放归的可行性。迁地保护区与长江干流在食物资源、水文环境及人类活动等方面存在较大差异,因此,在将迁地保护的江豚成功放归至长江干流之前,须先在近似长江干流的环境中进行野化训练。基于这一目标,湖北长江新螺段白鱀豚国家级自然保护区管理处在中国科学院水生生物研究所的技术支持下,于2021年4月在保护区长江洪湖段老湾故道正式启动了长江江豚野化适应性训练计划。通过持续监测江豚在野化过程中的捕食行为、活动规律及对人类活动的反应等,评估其对野外环境的适应能力,判断其是否满足放归自然水域的要求,从而为后续规模化开展江豚的野化放归工作提供理论和技术支撑。

老湾故道位于湖北长江新螺段白鱀豚国家级自然保护区的核心区,是一条弓形通江水道。2013年经农业部批准,在此建设长江江豚野化放归基地。目前,在老湾故道上下游各修建了一道潜坝,两坝间距约6.5km,主要功能是保障冬季最低水位,为江豚提供生存空间。在上下游潜坝内侧还各设有一道栏栅,间距30cm,既可防止丰水期江豚逃逸到干流水域,又能实现鱼类和水体的自然交换。2021年4月28日,在天鹅洲故道完成江豚普查后,研究团队选取了出生于该水域的雄性江豚成体T21M42(体长135.0cm,体重42.4kg)和亚成体T21M02(体长127.0cm,体重33.2kg)各一头,通过水箱陆路运输至老湾故道。江豚在舒缓池中恢复状态后,被转移至老湾故道两道栏栅之间的水域,开展为期两年的野化适应性训练。

2 野化训练的挑战

为了使以往生活在迁地保护区的长江江豚适应长江的自然环境,在进行野化训练时,需要考虑多个方面的因素。

第一,江豚的自主捕食的能力。天鹅洲故道因人工投放鱼苗,鱼类资源较为丰富。2018年5月在天鹅洲故道开展的水声学调查结果显示,故道内鱼体平均密度为 940 ± 810 尾$/1000m^3$(董春燕等,2021),显著高于长江干流的 400 ± 380 尾$/1000m^3$。迁地保护区的长江江豚已具备自主捕食能力,不需要训练其捕食本领,这与人工繁育的东北虎等野生动物的野化训练不同。然而,较低的猎物资源密度带来的捕猎难度增加却是需要考虑的问题,关键在于江豚能否自主适应鱼类密度的变化,获得每日所需的食物量,从而解决温饱问题。2021年8月在老湾故道开展的水声学调查结果显示,故道内鱼体平均密度为 106 ± 55 尾$/1000m^3$。相比之下,老湾故道内的鱼体密度较长江干流更低。它意味着,如果江豚能够适应老湾故道的低鱼类密度,就能顺利地在长江中捕猎。

第二,水流环境差异。由于天鹅洲故道的上口与长江隔断、下口建有节制闸,因而故道与长江干流之间缺少水交换,即使在长江丰水期也没有较高流速,为准静水环境;而老湾故道上下游均与长江相通,丰水期时流速与同期干流流速相近(2017年丰水期调查显示,老湾故道的平均水流速为 $0.462m/s$)。故道与干流的流速差异可能对江豚的行为产生影响。适应更高的水流速度可能需要时间,同时需要消耗更多的能量,而这期间江豚可能面临捕食、活动规律等方面的适应性问题。

第三,人类活动干扰。天鹅洲故道内渔业捕捞已经完全停止,且未通航,人类活动少,而长江干流存在持续的航运活动和噪声干扰。为了增强江豚对船舶和噪声的适应性,2021年11—12月,研究团队在老湾故道内开展了系统的实验,引入机驳船和渡船进行人为干扰。在岸边每隔 50m 插上红旗,以便标示距离并指示江豚出现的位置;岸上设置4位观察员,每人负责 200m 的江段,观察并记录江豚的呼吸间隔。在无干扰状态下记录了 5d 的 H0(对照组)数据。实验组分为无声船(N组)、仅声音(O组)、机驳船(B组)和渡船(S组)4种干扰模式。具体方案如下:N组,全程不开发动机,以人工摇橹划船;O组,划船至江中心后停止,开启发动机使其空转,制造噪声,但船不运动;B 组,开启发动机,机驳船正常行进,速度保持在 10km/h;S 组,渡船正常行进,速度保持在 10km/h。各组开船时朝着江豚所在方向连续行进,待江豚游至船后 500m 以外,船舶掉头并重复以上过程,持续 30min,停船(关发动机)1h,构成 1 组实验。实验期间每日重复 3～4 组,过程中需持续观察江豚的行为和位置,保证江豚的安全。

尽管已进行了适应性训练,但江豚在放归至长江干流后,可能需要进一步适应更高强度的航运噪声干扰,这是一个潜在的挑战。

除了上述 3 点主要挑战之外,野化放归后,江豚的行为是否会因环境变化而发生根本性变化,以及这些变化对其生存和社会结构是否会产生负面影响,都是需要认真考虑的问题。

3 野化训练的结果

3.1 野化江豚对低密度鱼类环境的适应

持续的监测结果表明,故道中江豚的活跃区域受鱼群分布的影响,这个结果与长江干流中江豚和鱼群的关系一致。尽管调查显示老湾故道鱼类资源密度显著低于天鹅洲故道迁地保护区,但是迁入的江豚在捕食行为上表现出较好的适应性,在流水环境和较低密度的鱼类资源环境中,仍能主动探测和跟踪鱼群,以获得足够的饵料。野化过程中还观察到,在故道内的各个时期,江豚在捕食行为和外观上表现出健康的特征。例如,两头江豚体态丰满,经常合作捕食,将鱼群驱逐至跃出水面。此外,2022 年 3 月对其中一头野化江豚开展了体检,结果显示体长和体重均明显增长。据此可以推测,江豚被放归到长江干流后,也能较快适应鱼类资源的变化,并能通过捕食获取所需的能量和营养。

3.2 野化江豚对高流速环境的适应

江豚在被释放进入老湾故道后,其活动状态表现出一定的规律。经白天无间断观察,第一天江豚在各区域之间快速游动,可能是动物被捕获和释放后的应激反应所致,在其他鲸类动物(如港湾鼠海豚)中也有类似行为反应。故道与干流连通后,江豚逐渐花费更多的时间在上下游之间移动,两个月后巡游速度逐渐提高并趋于稳定。推测故道与干流连通,故道内流速增加,使江豚行为发生改变,花费更多时间去适应新环境;在一段时间适应期后,高流速不再是影响江豚上下游移动的因素。这种逐步适应新环境的现象在其他动物中也有报道。例如,在大熊猫放归后,研究人员发现其活动范围逐渐扩大并趋于稳定。这显示江豚在被释放至老湾故道后,经历了高流速环境适应期,并形成了稳定的活动规律,完全适应了新环境。

3.3 野化江豚对船舶和噪声的适应

在船舶航行期间,江豚的短呼吸比例减少,长呼吸比例增加,意味着江豚减少了出水呼吸的次数,更多地采用潜游以远离干扰源。然而,随着相同类型干扰次数的增多和干扰时间的延长,江豚的平均呼吸间隔逐渐缩短,接近于未干扰时的状态,表明江豚逐渐习惯了干扰源,比如航行船舶和噪声。在野化训练过程中还观察到,在频繁的船只运动和噪声干扰下,两头江豚始终保持同游,未出现分散逃避的现象。由此可以推测,江豚被释放到干流后,能够在呼吸和社会行为上适应航运复杂的环境。

4 结 论

基于上述结果,我们认为江豚在经过系列科学的野化训练后,具有适应长江中下游干流水流速度及其变化的能力,同时在相对较低的鱼类资源密度条件下能够逐步形成有效的捕食行为,且对于人类活动如船舶通航、噪声干扰等具有较好的躲避能力和适应性,具备放归长江干流的条件。2023年4月25日,完成野化训练的长江江豚在穿着带有无线电定位跟踪系统的背心后,被顺利放归至长江,通过定位系统可以实时监测江豚的位置。4月28日,科研人员观察到身着背心的长江江豚与野外的长江江豚合群,随后数日,在嘉鱼大桥下游水域发现江豚群体。在此后持续半年的监测中,并未发现带有身份芯片的死亡江豚,由此认为老湾故道中经过野化训练的两头长江江豚已经融入野生江豚群体并正常生活。

首次长江江豚野化放归的成功实践,为鲸豚动物的野化放归提供了技术操作规范,标志着长江江豚三大保护方法形成闭环。长江江豚是长江流域的旗舰物种,其种群数量是反映长江水生态健康状况的重要指标,与长江的水资源、水环境状况密切相关。未来,随着"绿水青山就是金山银山"生态发展理念的逐渐深化,长江生态环境将逐步向好,长江江豚迁地种群的野化放归势必将继续开展,并会为长江江豚整体保护战略持续引入新个体,促进野外种群的复壮及脱离濒危状态。有必要进一步加强长江流域鱼类资源恢复,监测管控水下人类活动的影响范围,为长江江豚让出适宜栖息地,让长江江豚与人类世世代代和谐共生。

参考文献

董春燕,李君轶,张辉,等,2021.长江天鹅洲白鱀豚国家级自然保护区鱼类资源现状[J].水生态学杂志(3):86-92.

王凤昆,李艳,姜广顺,2022.东北虎栖息地历史分布、种群数量动态及其野化放归进展[J].野生动物学报(4):1119-1130.

十堰市松材线虫病疫情防控策略探讨

徐正红[1],袁波[2],周林[3]

(1. 十堰市森林病虫害防治检疫站,湖北十堰,442000;
2. 竹山县野生动物和森林植物保护站,湖北竹山,442200;
3. 丹江口市林业管护中心,湖北丹江口,442700)

摘 要:十堰市松材线虫病疫情防控工作通过实施五年攻坚行动计划,已成功控制了疫情蔓延的势头。在此过程中经历的艰难曲折和面临的巨大压力,在全省范围内具有普遍性。在回顾并总结疫情防控的经验与不足,清醒地认识到当前的压力和形势后,针对本地疫情已进入暴发期,且防治资金连续投入困难的实际情况,作者提出应紧密围绕国家松材线虫病防控目标,实施主动防御策略,对疫点乡镇和非疫点乡镇进行分类施策。具体建议包括:将疫木的认定范围明确界定到乡镇级别;将马尾松森林经营明确写入疫情防控技术方案;转变现有的全域除治思路,推行局域重点除治与局域封禁修复相结合的方法。本文对这些建议进行了必要性论述,旨在推动疫情防控技术方案层面的创新与突破,为十堰市在"十四五"中后期及未来的防控攻坚工作提供指导,同时也可为上级林业主管部门的决策提供参考。

关键词:松材线虫病;主动防御;重点防治;封禁修复;思考

十堰是国家重要的生态安全屏障,南水北调中线工程核心水源区,以及秦巴生物多样性保护区,拥有丰富的森林资源和重要的生态区位。它是"十三五"国家脱贫攻坚的主战场,在全面推进乡村振兴、实现全面建成小康社会的目标进程中,地方财政相对困难。据报道,截至 2022 年,十堰市森林面积达到 174.73 万 hm^2,林地面积为 193.80 万 hm^2,位居全省第一;全市森林覆盖率达 73.86%,位居全省第二。其中,以马尾松为优势树种的森林面积为 14.27 万 hm^2,活立木蓄积量为 1 193.71 万 m^3。

松材线虫病是由松材线虫引起的松树萎蔫病,在我国林业史上,松材线虫是造成林业资源损失最严重的外来入侵生物,其引发的松材线虫病危害属于国家重大生态灾害。该病主要危害松科松属植物,适生范围广,传播速度快,防治难度大。松树一旦染病,最快 40 天即可致死,马尾松、黑松染病后死亡率高达 100%,目前尚无有效药物可治(叶建仁,2019;理永霞等,2018)。

1982 年,松材线虫病传入我国后迅速扩散,我国黄山、泰山等风景名胜区,以及三峡库区、秦巴山区相继染疫,给我国生态安全、生物安全和经济发展带来重大威胁。2000 年,松材线虫病传入湖北省;2021 年,全省已有 13 个市(州)、82 个县级行政区划为松材线虫病疫区(国家林业和草原局,2022)。2016 年,松材线虫病疫情入侵十堰市,扩散至 10 个县(市、区)、52 个乡镇。经过 8 年的治理,疫情发生面积控制在 1.33 万 hm^2 左右,五年攻坚目标指标完成进度符合预期,疫情蔓延势头暂时得到控制。

松材线虫病疫情不仅造成了马尾松森林资源的损失,还直接或间接地威胁着丹江口库区水源涵养林的健康,以及当地森林生态的安全,带来直接经济损失。近 5 年来,十堰市各级地方财政累计投入的疫情防控资金已超过 1 亿元,且后期每年还需持续投入,财政负担沉重。疫情防控是一场攻坚战、持久战,对于地处鄂西北山区、刚完成脱贫攻坚任务的十堰市而言,这是一场严峻的挑战。因此,亟待紧扣国家疫情防控总目标,科学谋划,创新主动防御和重点防御等措施,自下而上推动国家现行防控技术方案优化,助力疫情攻坚行动完成既定目标,实现疫情的长期有效防控。

1 疫情防控历程回顾

1.1 防控能力不足导致疫情扩散

松材线虫病初入十堰时,市级森检机构依疫情相关管理流程及时进行了报告预警。然而,由于全市在疫情监测、检疫阻截、疫情处置及专业除治、资金保障、疫情监管等方面的能力未能匹配疫情防控的需求,加之全社会对其危害性认识不足,以及 2018 年极端高温天气的助推,多重因素交织,使得疫情虽遇防控围堵,但仍然快速扩散蔓延。疫区数量从 1 个增加至 3 个,并快速扩散到 10 个县(市、区);疫点乡(镇)数量从 4 个、12 个跳跃式增加至 52 个;疫情面积从不足 666.67hm²,疯狂增加到 2018 年的 1.87 万 hm²。随后,在十堰市委、市政府的高度重视下,林业部门组织开展了大规模的疫木清理行动,积极推行专业除治措施,疫情高发势头得以初步遏制。

1.2 顶层设计不断强化促使防控出现转机

疫情疯狂蔓延的势头在 2018 年后得到了遏制。这一转机的出现,主要得益于以下两个方面:一是相关部门重新修订了疫情防控策略,并进一步强化了督查追责机制。国家林业和草原局总结了过去 30 余年的防控经验教训,提出了科学防控的新要求。在 2018、2019 年两年内,先后修订了 3 部与松材线虫病防控相关的管理办法和技术方案,制定了松材线虫病生态灾害督办追责办法,并在 2021 年于全国范围内启动了松材线虫病五年攻坚行动计划。二是国家林长制体系的构建,全面压实了党委和政府的防控主体责任。2021 年 1 月,中共中央办公厅、国务院办公厅印发了《关于全面推行林长制的意见》,林长制继试点试行后在全国范围内得到了贯彻落实,全面构建了省、市、县、乡 4 级林长制体系。松材线虫病防控被纳入林长制考核范围,疫情防控工作得到了前所未有的重视。2022 年,十堰市重大林业有害生物灾害防治指挥长由政府主要负责人担任,分管副市长担任副指挥长,指挥部完成了成员调整,明确了责任,部门协作进一步加强,全市疫情防控的宣传氛围和工作力度空前,疫情防控成效开始显现。松材线虫病疫情防控五年攻坚行动计划(2021—2025 年)实施后,十堰市在 2023 年首次将疫情发生面积控制在 1.33 万 hm² 以下,疫情蔓延扩散趋势得到了有效控制。

2 疫情防控压力仍然巨大

2.1 传染病发生规律决定了疫情已进入暴发期

松材线虫病是松林的一种毁灭性传染疫病,作为松科植物的烈性传染病,它遵循着类似人类"新冠"传染病的"侵染—扩散—暴发"的发生规律。一旦传染病疫情没有形成有效封锁,经过扩散期后必将进入暴发期,染疫面积和染疫个体数量将呈几何倍数增长。松材线虫病自1982年入侵后,快速扩散蔓延至全国多个省(区、市),仅2019年全国因松材线虫病致死的松树就超过了1900万株(孙红等,2021)。据华南农业大学红火蚁研究中心许益镌教授的观点,一般来说,任何一种外来入侵生物,一旦在野外被发现,往往已经经历了传入、成功建群甚至扩散的阶段。松材线虫入侵我国40余年,已经完成了入侵、定殖及潜育阶段,目前在全国已经进入暴发期(李计顺等,2021),十堰市亦然。

2.2 疫情持续高位运行,反弹风险不容忽视

十堰市松材线虫病疫情在2018年最为严重,随后5年间疫情发生面积开始逐年小幅缩减,但仍维持在1.33万 hm^2 左右的高位。2023年,疫情发生面积首次缩减至1.33万 hm^2 以下,但在此期间,疫情仍时有反复。具体情况如下:一是新增疫点。2020年秋季专项普查发现,南化塘镇、中峰镇两个乡镇成为新疫点。二是个别疫区疫情面积不减反增。所辖某区疫情发生面积较2020年有大幅增加。三是病枯死树数量不减。松材线虫病特殊的传播方式及较大的防控难度导致疫情容易反弹。松材线虫病传播方式主要有人为传播和自然传播两种。人为传播主要通过染疫的松木及其制品,依靠物流运输从疫情发生地向非疫情发生地远距离传播。在人为传播环节中,受多种因素影响,疫情堵截容易存在漏洞。自然传播则主要由传媒昆虫携带松材线虫在健康松林中传播。

松材线虫、传媒昆虫、寄主植物是松材线虫病传播流行的必备"三要素",而十堰市这"三要素"充分具备。其一,松材线虫已在十堰市定殖扩散。本市所有县(市、区)均被国家公告为松材线虫病疫区,且有52个乡镇被省林业局公告为疫点。其二,寄主植物面积大。易感寄主植物马尾松一直是十堰市山地造林的先锋树种和主要用材树种,以马尾松为优势木的森林面积达14.27万 hm^2。其三,传媒昆虫防治难度大。传播松材线虫的传媒昆虫松褐天牛,为本土松树蛀干害虫,在松林中广泛分布,且其生活史特殊,一年一代,仅成虫期暴露在松树体外,其余时间(卵期、幼虫期、蛹期)均隐藏在松树树干中;同时,林中松褐天牛种群发育不均衡,种群中成虫羽化期长,5月初至9月底在松林中均有天牛成虫活动,难以在同一时间除杀(徐正红等,2021);此外,松褐天牛成虫寿命较长,可在

林中不断取食松树补充营养,个体平均成活天数达 28 天,且可多次交配产卵(徐正红等,2020);更重要的是,松褐天牛携带松材线虫能力强,从疫木中飞出的松褐天牛可携带上亿条松材线虫,通过其补充营养时造成的松树创面将松材线虫接种到健康松树上,从而在松林中完成疫情的自然传播。根据十堰市森检机构的疫情反弹溯源分析,松材线虫病疫情存在向周边相邻松林自然扩散的风险,也存在因疫源管控漏洞导致的远距离传播。综上所述,十堰市疫情防控仍然处于爬坡过坎的关键时期,疫情持续高位运行且反弹风险不容忽视。

2.3 疫木除治中疫木处理压力巨大

据国家林业和草原局《松材线虫病防治技术方案》,疫情防控以清理病死松树(即疫木除治)为核心。疫木除治中明确的疫木处理措施包括粉碎(削片)处理、烧毁处理、旋切处理、钢丝网罩处理。十堰市对清理的疫木,绝大多数选择在林中就近的用火安全的空地进行焚烧处理。只有少数疫木被运至疫木定点加工企业,通过粉碎(削片)、旋切处置后安全利用。钢丝网罩处理仅在极个别因山高坡陡、道路不通、人迹罕至且不具备烧毁处理条件的除治区域采用。据不完全统计,疫情发生以来,十堰市共清理枯死松树 300 余万株。大量疫木就地焚烧,不仅造成松林资源直接损耗,还增加了碳排放,给大气环保和森林防灭火工作带来巨大压力。同时,由于清理疫木下山成本高,疫木定点加工利用企业不愿收购,因而这些企业在疫木处置中未能发挥应有的作用,无法实现林业主管部门利用疫木定点加工企业减少森林资源浪费、减少大气污染、减少碳排放、降低森林火灾发生风险的初衷。

2.4 防控资金耗费巨大,连续投入难以为继

松材线虫病防治的主要措施为山上"窗口期"疫木清理和山下加强疫木监管,辅助措施包括对重点生态区域(风景名胜区)的易感松树进行打孔注药保护,以及在局部松林开展松褐天牛防治等。十堰市林业部门 2023 年就全市松材线虫病防控经费投入进行了调查。据不完全统计,自开展松材线虫病防控工作以来,仅山上疫木清理一项(不包括社会化除治企业垫资未偿还部分),全市各级财政资金投入已超过 1 亿元。然而,现行松材线虫病防治技术手段在实施过程中

受诸多主、客观因素的影响,防控效果大打折扣。疫情防控注定是一场持久战。综合考虑十堰市疫情现状已进入暴发期、高位运行期,以及疫情防控为持久战等因素,后续所需的防控资金不菲,且需持续投入。这对于刚打赢脱贫攻坚战的鄂西北山区地方财政而言,无疑是巨大的压力与挑战。

3 新形势给疫情防控带来新契机

3.1 秦巴山区松材线虫病防控受到国家高度关注

在全面强化生态环境保护的新形势下,秦巴山区的生态安全引起了国家的高度关注。秦岭与黄山、泰山、三峡库区一同被列入松材线虫病防控集中攻坚区域(国家林业和草原局,2021),为十堰市打赢疫情防控攻坚战注入了新动力。为助力秦巴山区松材线虫病防控五年攻坚,2021年国家发展和改革委员会、财政部、国家林业和草原局批复实施了《秦巴山区松材线虫病综合防控体系建设项目》。随着项目的实施,十堰市各县(市、区)森检机构监测预警体系、检疫御灾体系、防治减灾体系全面建成,市县两级森检机构的松材线虫病综合防控能力得到全面提升。

3.2 "天空地"一体化监测体系应用为疫情精准防控提供支持

据国家林业和草原局《松材线虫病防治技术方案(2022年)》,航空遥感高新技术在松材线虫病监测与防控中得到了正式应用,实现了松材线虫病的"天空地"全方位监测。基于这一全方位监测支撑,2020年国家林业有害生物灾害防控中心研发并上线了"全国松材线虫病疫情精细化管理平台"。经2021—2022年在全国的推广应用,以及在浙江、安徽、重庆3个省(市)的推广示范,该平台日益成熟,已实现了全国松材线虫病疫情实时监测、防控成效可视化评估及趋势研判。"天空地"一体化监测体系的全面建成和使用,为疫情精准防控提供了有力支持。

3.3 生态系统保护和修复重大工程带来防控新契机

为深入学习贯彻习近平生态文明思想,根据中央统一部署,国家发展和改革委员会、自然资源部、科技部、财政部等10个部委局按照统筹山水林田湖草沙一体化保护和修复的思路,研究编制了《全国重点生态系统保护和修复重大工程总体规划(2021—2035年)》。十堰市作为重要的水源涵养区和秦巴山区生物多样性保护功能区,已获批复实施了3个国家"双重"(重要生态系统、重大工程)项目。这些项目是目前我市林业领域实施的规模较大的生态项目,覆盖全市7个县(市、区),包括大巴山区生物多样性保护与水生态综合治理项目、丹江口库区生物多样性保护与水生态综合治理项目、堵河流域下游生物多样性保护与水生态综合治理项目。项目主要内容包括人工造林、封山育林、退化林修复、石漠化综合治理等。随着项目的顺利实施,必将进一步优化我市的生态空间布局,有效提升区域生物多样性保护、水源涵养和水土保持等生态屏障功能。松材线虫病防控成效目标与国家"双重"项目建设成效目标高度契合,在保护区域生物多样性、维护水源区森林资源安全、巩固国土生态屏障安全终极目标上殊途同归。国家重点生态系统保护和修复重大工程总体规划意味着国家在今后10年内将在生态建设与保护上持续发力,这不仅为松材线虫病防控在措施创新上开启了新思路,也为疫情防控带来新契机。

4 建议对策

面对松材线虫病防控新形势和新契机,为了推动松材线虫病防控工作在技术层面进一步创新措施、优化方案,以更好地指导"十四五"中后期及今后更长时间内的疫情防控,提出如下建议。

4.1 锚定防控目标,全面落实精准分类施策

(1)科学制定防控目标。要充分认识松材线虫病的危害性、破坏性和根治难度,引导基层科学制定防控目标,稳步推进防控工作。防控目标的制定应遵循

"跳一跳,够得着"的原则,紧盯国家防控总目标,同时结合自身实际制定近期和中远期目标。根据《"十四五"林业草原保护发展规划纲要》及国家林业和草原局《全国松材线虫病疫情防控五年攻坚行动计划(2021—2025)》的要求,到2025年,要消灭黄山、泰山疫情,实现全国疫情发生面积和乡镇疫点数量双下降,县级疫区数量控制在2020年水平以下,全面遏制松材线虫病在全国的快速扩散态势。十堰市应将消减发生面积、减少疫点数量、控制疫情快速蔓延作为五年攻坚的近期目标;将控制松材线虫病危害程度,确保不给森林生态环境造成巨大破坏,不发生生态环境灾害作为疫情防控的中远期目标。

(2)按疫点和非疫点乡镇分类施策。根据国务院《植物检疫条例》,局部地区发生植物检疫对象的,应划为疫区,采取封锁、消灭措施,防止检疫对象传出;发生地区已比较普遍的,则应将未发生地划为保护区,防止检疫对象传入。在松材线虫病防控中,应严格按疫点乡镇和非疫点乡镇划分疫情防控区和疫情预防区,分别制定防控措施,落实分类施策。在疫情预防区[包括已实现无疫情的乡(镇)],要强化日常监测和检疫检查,采取即现即清、动态清零策略,做到一经发现立即扑灭;对于疫情防控区(即疫点乡镇),应采取严格的疫源管控措施,实行现行的"窗口期"疫木集中除治策略,严格把控除治质量,以销毁疫源、杜绝疫情远距离传播为重要手段。同时,要高度警惕疫点乡镇以即死即清之名在非窗口期普遍开展常态化疫木除治,引发疫情快速扩散。

4.2 从技术方案层面创新松材线虫病防控措施

(1)将疫木的地域范围划定精确至疫点。根据国家林业和草原局《全国检疫性林业有害生物疫区管理办法》《松材线虫病疫区和疫木管理办法》,疫点是指以乡镇级行政区为单位划定并公布的松材线虫病发生区,而疫区则一般以县级行政区为单位进行划定并公布。疫木是指松材线虫病疫区内未经除害处理的松科植物及其制品,或疫区外染疫的松科植物及其制品。当前疫木的定义将县级疫区内未染疫的松科植物及其制品也视为疫木,导致产地检疫疫木的范围过大。在大多数松材线虫病疫区中,疫点乡镇仅为少数,非疫点乡镇拥有大量健康未染疫的松树活立木。因此,建议将疫木的地域范围从疫区精确到疫点乡(镇),即疫木仅指松材线虫病疫区内疫点乡镇中未经除害处理的松科植物及其制品,或染疫的松科植物及其制品,从而为疫区非疫点乡镇的健康松树采伐利用扫清障碍。

(2)将主动防御措施纳入松材线虫病防治技术方案。主动防御措施主要包括树种混交、抚育采伐、林分改造、封山育林等营林手段。将这些措施纳入松材线虫病防控技术方案,可以为松材线虫病防控工作对接国家林业"双重"项目、省林业项目提供依据,同时打通防控资金筹措渠道,缓解防控资金不足的困境。

(3)将马尾松森林经营明确写入防治技术方案。森林经营是对森林进行科学培育,以提高森林产量和质量的生产活动总称。为主动应对疫情潜在危机,建议将马尾松森林经营作为主动防御措施,明确写入防控技术方案,并允许在非疫点乡镇组织开展抢救性采伐活动。具体而言,允许以采伐马尾松大径材为主要内容的林分改造、森林抚育和采伐更新,尤其是允许对天然林保护工程区的马尾松过熟林进行集中采伐更新。

马尾松速生丰产林20年即可进入主伐期,一般林分则在25~30年后进入主伐期,30年后的马尾松林基本属于过熟林。过熟林不仅材积蓄积生长下降,还容易滋生小蠹虫、松象、天牛等蛀干性害虫。其中,松毛虫和松褐天牛是当地常见的松树食叶蛀干害虫,二者严重危害时都可致松树大量死亡。

十堰市马尾松林绝大多数为人工植苗造林和飞播造林,造林时间主要集中在20世纪60年代末至80年代末,以及1990—1999年的"十年灭荒"期间。据《十堰林业志》记载,因大跃进炼钢、支持二汽(第二汽车制造厂)建设、丹江口水库枢纽工程等"三线"建设需要,十堰地区采伐消耗了大量森林资源,曾经两次发出"十年灭荒"号召,组织大规模的人工造林。1990—1999年造林47.33万hm^2,其中飞播造林7.33万hm^2;至2005年全市累计人工造林188.13万hm^2,其中飞播造林26.4万hm^2。当初植苗造林及飞播造林的马尾松林龄现在均已超过25年,部分分布在十堰城区的马尾松林龄甚至达到40多年,成为过熟林。

将马尾松林森林经营作为主动防御措施写入技术方案十分必要。一是主动采伐成熟马尾松,可减少林中包括传媒昆虫松褐天牛在内的蛀干害虫滋生,降低自然传播风险;二是主动采伐并合理利用,可减少寄主植物,减轻潜在疫情除治带来的资金压力,减少潜在焚烧销毁压力;三是规避在天然林保护工程区开展商品材采伐的政策风险。十堰市自2000年国家实施天然林资源保护工程以来,全域已全面停止商品性采伐,对天然林采取全封、半封、轮封等管护措施,需要在政策上为防控措施创新进行突破。四是主动采伐可减少国家和集体财产损失,让历经数十年培育的马尾松实现商品价值,践行"绿水青山就是金山银山"的理念。

(4)转变全域除治现状,推行重点除治与封禁修复结合。目前,松材线虫病防控中普遍采取"宁可错杀一千,不可放过一个"的雷霆手段,对全域范围的枯死松木进行清理并进行安全处置,这不仅耗费了大量除治经费,还带来了监管难题。一是建议明确山场疫木除治的重点,主要针对疫点乡镇病(枯)死松木开展集中清理。二是改变全域清理枯死松树的做法,推行局域重点除治与局域封禁自然修复相结合的防控措施。

外来入侵物种一旦定殖便很难彻底消灭,这一点已在学术界达成共识。若想彻底消灭它们,则需付出巨大的代价。在松材线虫病疫情防控中,可设定限制条件,据此划定出一些特殊区域,以控制疫情、防止其扩散为目标导向,允许这些特殊区域在较长时间内让松材线虫与其寄主共存。特定区域的划分条件除需满足封山育林要求外,还需满足以下条件之一:①地处远山,发生疫情的林分为混交林,且马尾松林分占比为1～3层;②地处远山,疫情林分为其他阔叶混交林包围,能形成自然阻隔屏障,且疫情林分马尾松纯林面积累积小于100亩;③其他满足通过自然演替可实现疫情控制的地区。对划定的这些区域,通过严格的封育管理,有条件的还可辅助天敌防治,通过森林自然演替,实现疫情的控制直至拔除。

参考文献

北京林学院,1980.森林昆虫学[M].北京:中国林业出版社.

新华社,2021.中共中央办公厅 国务院办公厅印发《关于全面推进林长制的意见》[EB/OL].(2021-01-12)[2024-10-20].https://www.gov.cn/zhengce/2021-01/12/content_5579243.htm.

国家林业和草原局,2022.国家林业和草原局公告(2022年第6号)(2022年松材线虫病疫区)[EB/OL].(2022-03-18)[2025-02-08].https://www.forestry.gov.cn/c/www/gsgg/16376.jhtml.

姜胜启,2015.十堰市林业志[M].武汉:长江出版社.

李计顺,潘仕亮,刘超,等,2021.2020年全国松材线虫病流行情况分析[J].中国森林病虫,40(4):1-4.

理永霞,张星耀,2018.松材线虫病入侵扩张趋势分析[J].中国森林病虫,37(5):1-4.

孙红,周艳涛,李晓冬,等,2021.2020年全国主要林业有害生物发生情况及2021年发生趋势预测[J].中国森林病虫,40(2):45.

徐正红,王雨,2020.松墨天牛饲养行为学观察初报[J].湖北林业科技,49(4):50.

徐正红,易光华,周仁东,等,2021.十堰市松墨天牛生物学特征及发生规律研究[J].湖北林业科技,50(3):31-34.

叶建仁,2019.松材线虫病在中国的流行现状、防治技术与对策分析[J].林业科学,55(9):1-10.

中共中央办公厅,国务院办公厅,2021.关于全面推行林长制的意见[EB/OL](2021-01-12)[2025-03-10].https://www.gov.cn/zhengce/2021-01/12/content_5579243.htm.

林业生态文明建设与绿色高质量发展研究

咸宁市古树名木资源特征和保护策略研究

刘郑[1],熊俊[2],宋岭[3],朱佳[1],龚倩颖[1],王列坤[1],高霜[1],王起富[1],吴杰[1]

(1.咸宁市林业科学院,湖北咸宁,437100;
2.咸宁市森林病虫防治检疫站,湖北咸宁,437100;
3.咸宁市林政管理稽查队,湖北咸宁,437100)

摘 要:本文对咸宁市古树名木的数量、种类、生长势、生长环境和区系分布进行了统计分析。结果表明:①咸宁市共有古树名木7688株,隶属41科86属137种,其中一级古树297株、二级古树1254株、三级古树6137株,没有名木。②从树种形态特征看,树高、胸径和冠幅分别集中在5～10m、1.5～2m和5～10m,以数量最多的桂花为例,其树龄、树高、胸径和冠幅之间都呈显著的正相关关系。③从生长势和生长环境看,健康状况良好的古树占比95.36%,且多数古树(70.54%)的生长环境良好。④从区系分布特征看,北温带分布型属占比最高,为25.58%,表现出明显的南北过渡特征,即以温带成分为主,同时热带成分也较为丰富。基于分析结果,本文针对性地提出了咸宁市古树的保护策略和建议。

关键词:古树名木;资源特征;保护策略;咸宁市

古树名木是历史留给我们的宝贵财富。历经数百年乃至上千年的大型古树,是人类悠久历史的见证者,经常出现在绘画、表演、书籍和电影等文化载体中,成为人类社会历史和文化遗产的重要组成部分。这些古老的树体蕴含着区域自然生态系统的气候变化、物种起源和植被演替等重要科学研究信息,对丰富物种的遗传多样性也具有重要价值。古树名木还具有重要的生态价值,它们是自然和城市等生态系统的重要组成部分,同周围环境形成以古树为中心的稳定生态系统,在涵养水源、保持水土、维持生物多样性等方面发挥着重要的作用。古树名木与人类社会的发展紧密相连,是传承历史文化和弘扬生态文明的关键要素。

古树名木是不可再生、不可替代的活文物,然而,它们的生存正面临各种威胁。尽管它们在完整生态系统中拥有竞争优势,却难以适应快速变化且经人类改造的环境。随着人类基础设施的大量建设,城镇化正快速侵占着它们的生境。Lindenmayer等(2014)认为,全球范围内的生态系统中,大型古树正在经历严重的衰退,如果没有政策上的改变,它们将从许多生态系统中消失。碎片化、病虫害、干旱、砍伐、火灾和气候变化等严重威胁着古树名木的生存,古树名木的保护和管理工作亟需加强。

咸宁市曾荣获"全国绿化模范城市"和"国家森林城市"的称号,拥有丰富的古树资源。根据湖北省林业局2020年发布的《关于开展全省一级保护古树名木体检复壮行动的通知》,咸宁市林业局随即出台了《关于开展全市保护古树名木体检复壮行动的通知》,并于2020—2021年在全市范围内组织开展了古树名木资源的清查工作和一级保护古树名木的体检复壮工作。本文在此次调查的基础上,对咸宁市古树名木资源现状进行了系统分析,并针对性地提出了古树名木的保护策略和措施,以期为咸宁市古树名木的保护利用、城市规划和生态文明建设提供基础资料。

1 材料与方法

1.1 研究区概况

咸宁市地处长江中游南岸、湖北省东南部,位于鄂、湘、赣三省交界处,陆地面积10 033km²。以丘陵地貌为主,平原、盆地等地形共存,年均气温16.8℃,年均降水量1 523.3mm,无霜期长达247~261d(万美强,2014)。属典型的亚热带季风气候,雨量丰富、光照充足,一年四季温度适中,森林资源丰富,全市森林覆盖率达到53%以上。

1.2 调查方法

本次调查主要采用资料查询与实地调查相结合的方法。资料来源于咸宁市林业局 2020 年开展的第二次古树名木资源普查。我们对咸宁市现存 100 年以上的古树名木进行了全面普查并登记，收集了每株树的树种、坐标、树龄、树高、胸径、冠幅和生长状况、保护现状及管护单位等基础数据。

1.3 古树等级界定及生长势评估

根据《古树名木普查技术规范》(LY/T2738—2016)，我们确定了咸宁市古树的保护等级：树龄 100 年以上的树木被界定为古树，其中 100~299 年的为三级古树，300~499 年的为二级古树，500 年以上的为一级古树；名木则不受树龄限制。对于古树的生长势评估，依据生长状况和病虫害发生程度将其分为 3 个等级——正常株、衰弱株与濒死株。具体标准如下：枝干没有受损或受损不明显，枯梢数量少，叶片正常或黄叶少的古树被评为正常株；枝干表现出明显的损伤，枝条少量枯死，树冠缺失，有较多黄叶的古树被评为衰弱株；枝干严重损伤或干朽成空洞，枝条大面积枯死，叶片稀少且不正常的古树被评为濒死株。

1.4 植物分类与分布区来源

古树的科属种鉴定及拉丁名的确认主要参考《中国植物志》《国家重点保护野生植物名录（第一批）》《湖北省第二次重点野生植物资源调查系列丛书》等资料。古树的属分布区类型参照吴征镒等（2006）的《种子植物分布区类型及其起源和分化》进行划分。

1.5 数据分析

树种重要值（IV）根据相对丰度（RA）和相对显著度（RD）来计算，具体公式为：IV=(RA+RD)/2，其中 RA=（某一树种个体数/全部树种数）×100%；RD

=(某一树种胸高断面积/全部树种总胸高断面积)×100%(钱万惠等,2021)。我们采用Spearman相关系数检验法对树高、胸径、冠幅间的相关性进行了分析。使用专业软件SPSS22.0进行数据分析,使用Microsoft Excel 2010进行统计和作图。

2 结果与分析

2.1 古树数量

据统计,咸宁市共有在册古树名木7688株,其中一级古树297株、二级古树1254株、三级古树6137株,没有名木。古树年龄结构呈金字塔形分布,即古树数量随着树龄的增长显著递减。与咸宁市第一次古树名木普查数据相比(表1),总数增加了3381株,除一级古树数量出现显著下降外,二级和三级古树数量均显著增加。这说明咸宁市的古树后备资源充足,但树龄超过500年的一级古树容易出现生长衰退。

表1 咸宁市两次古树名木普查对照

类型	一级古树	二级古树	三级古树
第一次普查数量(株)	499	575	3233
第二次普查数量(株)	297	1254	6137
变化率	−40.48%	118.09%	89.82%

2.2 古树种类

统计发现,咸宁古树共41科86属137种;裸子植物共1485株,6科13属20种,占总株数的19.32%。国家一级保护树种有南方红豆杉,国家二级保护树种有银杏和楠木。树龄最大的是一株1510年的柏树;胸径最大的是一株珊瑚朴,其胸径为890cm。

其中,桂花的数量最多,共有 1956 株,占总数的 25.44%,重要值(IV)达 21.68,相对丰度(RA)和相对显著度(RD)也最大,分别达到 25.44 和 17.91。桂花在咸宁古树中留存数量最多、分布范围最广,与咸宁"中国桂花之乡"的现实情况相符。重要值大于或等于 2 的还有枫香、柏木、苦槠、青冈、侧柏、黄连木、朴树、小叶青冈、枫杨、樟、银杏这 11 个树种,与桂花一起构成了咸宁本地的主要优势树种,合计 5277 株,占总数的 68.64%。

2.3 古树结构特征

咸宁古树平均树高为 15.13m。树高在 5～10m 的古树占比最高,为 29.27%,有 2274 株,且绝大部分为桂花;树高在 25m 以上的古树有 428 株,树种多为枫香、青冈、银杏等。古树平均胸径为 2.25m。胸径在 1.5～2m 的古树最多,占比 30.29%;胸径在 2～2.5m、2.5～3m、1～1.5m 范围的株数分别占比 22.67%、15.21%、13.9%。古树平均冠幅为 9.85m,且冠幅主要集中在 5～10m,占比 53.59%。通过对咸宁古树的结构特征进行分析,可以发现树高在一定程度上是由树种类型决定的,如桂花树种较矮,多数树高处于 10m 以下;枫香、青冈、银杏等树种则较高大,树高一般在 25m 以上。

以本次普查的古桂花为研究对象,对其树高、胸径、冠幅和树龄做 Spearman 相关性分析,结果如表 2 所示。

表 2 古桂花生长指标的相关性

生长指标	树龄	树高	胸径	冠幅
树龄	1	0.369**	0.310**	0.340**
树高		1	0.451**	0.679**
胸径			1	0.426**
冠幅				1

注:**表示在 0.01 水平上差异极显著。

古桂花的树龄与树高相关系数 $r=0.369(p<0.01)$、胸径相关系数 $r=0.310(p<0.01)$、冠幅相关系数 $r=0.340(p<0.01)$ 之间均呈显著正相关;树高与冠幅相关系数 $r=0.679(p<0.01)$ 和胸径相关系数 $r=0.451(p<0.01)$ 均呈极

显著正相关[①]。这说明,古桂花的树龄越大,平均树高越高,平均胸径和平均冠幅也越大。树高直接决定着光合有效辐射量的大小,进而影响着光合作用产物的积累速度,最终影响古桂花胸径的增粗和冠幅的扩展。

2.4 古树生长势及生长环境特征

对咸宁市古树生长势特征(表3)及生长环境特征(表4)进行分析,结果表明:咸宁市大部分古树保护措施得当,健康状况良好,占比95.36%;衰弱和濒危的古树只占比4.64%,集中在一级和二级古树中,主要表现为树干中空、树根裸露和受到藤寄生危害。古树整体生境保存良好,占比70.54%,其中34.11%的古树分布于咸宁市55个大小不等的古树群中;生长环境中等的占比27.34%;生长环境差的占比2.12%,主要表现为生长在水泥路边或建筑物旁,或生长于石缝、陡坡旁,生存空间狭小。这说明自然衰败和机能下降是导致咸宁古树衰败的重要原因,同时,人为负面因素也对古树的生长产生了显著影响。

表3　咸宁市古树生长势特征

古树等级	正常株(株)	衰弱株(株)	濒危株(株)	总数(株)
一级	263	25	9	297
二级	1157	75	22	1254
三级	5911	187	39	6137
合计	7331	287	70	7688

表4　咸宁市古树生长环境特征

古树等级	良好(株)	中等(株)	差(株)	总数(株)	群状分布占比(%)
一级	217	74	6	297	5.39
二级	868	355	31	1254	15.4
三级	4338	1673	126	6137	39.97
合计	5423	2102	163	7688	34.11

---

① r 表示变量之间的相关性强度,用于描述变量之间的线性关系。p 表示这种相关性是否具有统计学意义,用于判断相关性是否显著。

2.5 古树区系分布特征

古树区系分布特征统计结果(表5)表明,咸宁市古树的主要分布区类型有北温带分布型、东亚及北美间断分布型、东亚分布型,其中温带属性较为明显。其中北温带分布型属占比最高,为25.58%,典型的有柳属、榆属、杨属、桑属、槭属、栗属、栎属、松属、椴树属、蔷薇属、山楂属、柏木属等;东亚及北美间断分布型和东亚分布型分别占比17.44%、13.95%。此外,还有泛热带分布型,占比12.79%,典型的有榕属、柿属、朴属、冬青属、山矾属、黄檀属等。中国特有分布属有6种,即银杏属、喜树属、杉木属、青檀属、青钱柳属、金钱松属。咸宁市古树资源和种类丰富,分布差异较大,南北过渡的特征明显,即以温带成分为主,同时热带成分丰富,这与咸宁市所处的地理位置有关。

表 5 咸宁市古树分布区类型统计

分布区类型	属数	占比(%)
世界广布	1(卫矛属)	1.16
泛热带分布	11(榕属、柿属、朴属、枣属、冬青属、糙叶树属、山矾属、决明属、黄檀属、紫檀属、柞木属)	12.79
东亚(热带、亚热带)及热带南美间断分布	2(无患子属、木姜子属)	2.33
旧世界热带(指亚洲、非洲和大洋洲热带地区及邻近岛屿)分布	1(楝属)	1.16
热带亚洲至热带大洋洲分布	5(樟属、杜英属、臭椿属、紫薇属、香椿属)	5.82
热带亚洲分布	7(楠属、青冈属、乌桕属、秋枫属、崖摩属、水丝梨属、赤杨叶属)	8.14

续表 5

分布区类型	属数	占比(%)
北温带分布	22(松属、樱属、榆属、栗属、槭属、栎属、柳属、杨属、梣属、桑属、蔷薇属、椴树属、山楂属、稠李属、胡桃属、苹果属、柏木属、刺柏属、杨梅属、黄栌属、水青冈属、红豆杉属)	25.58
东亚及北美间断分布	15(柯属、锥属、梓属、石楠属、木犀属、木兰属、紫藤属、刺槐属、橙桑属、香槐属、皂荚属、山胡椒属、肥皂荚属、鹅掌楸属、枫香树属)	17.44
旧世界温带分布	3(梨属、女贞属、雪松属)	3.49
地中海区、西亚至中亚分布	1(黄连木属)	1.16
东亚分布	12(槐属、檵木属、枳椇属、刺楸属、枫杨属、泡桐属、枇杷属、侧柏属、南酸枣属、白辛树属、化香树属、马鞍树属)	13.95
中国特有分布	6(银杏属、喜树属、杉木属、青檀属、青钱柳属、金钱松属)	6.98
合计	86	100

3 对策与建议

古树资源普查是做好古树保护的重要基础性工作。咸宁市古树资源的普查结果,为咸宁市古树资源的保护、利用及旅游业发展提供了准确数据。鉴于此,我们针对性地提出了咸宁市古树保护策略和建议,以期为保护这些古树提供科学依据。

1. 持续加强法律法规建设

咸宁市在古树保护方面不断推进制度完善。根据《中华人民共和国森林法》

《城市绿化条例》等法律法规,结合当地实际情况,咸宁市自2022年11月1日起正式施行《咸宁市古桂花树保护条例》,加强对咸宁市行政区域内古桂花树的保护管理。这一条例的正式实施,将咸宁市古桂花树保护推上了一个新的高度,也让咸宁市古树的保护管理做到有法可依,将养护责任和监督责任落实到具体机构或个人,同时落实了日常管养费用。未来,咸宁市要继续完善相关法规体系,加强对古树保护的监督检查,确保法律法规的有效执行。相关条例和办法的出台,对古树的保护具有极强的指导和保障作用,也为持续加强古树保护奠定了坚实基础。

2. 细化分类保护等级

咸宁市目前的古树保护管理办法中,仅根据树龄将古树分为一级、二级、三级进行保护,并依据生长势简单划分为正常株、衰弱株和濒死株,缺乏更细致的分类标准。特别是面对城市古树保护的严峻形势,这种分类方式显得较为粗放,难以满足精细化管理的需求。为解决这一问题,可以借鉴郑坤等(2022)提出的"基于分类特点有序保护,基于空间情景分区管控"的思路。具体建议如下:一是细化保护等级。结合古树的树龄、生长状况、历史价值、文化意义等因素,将古树分为更细致的保护级别,如将衰弱株和濒死株进一步细化为濒危株、衰弱株和亚健康株,以便更有针对性地采取保护措施。二是分区管控。根据古树所处的空间情景,如城市中心区、城市边缘区、乡村等,制定差异化的保护策略。例如,对于城市中心区的古树,应重点解决空间冲突和环境压力问题;而对于乡村地区的古树,则需加强日常养护和生态修复。三是建立动态监测机制。定期对古树进行健康评估和生长环境监测,及时调整保护等级和措施,确保保护工作的科学性和时效性。通过以上策略,咸宁市可以进一步完善古树保护体系,实现分级分类精细化管理,更好地应对城市化进程中古树保护面临的挑战。

3. 建立生态保护补偿制度

我国古树名木保护工作在2012年后进入快速发展阶段,古树名木保护的技术标准体系也初见雏形。古树名木保护体系的建立是一项系统性工程,最全面的保护制度需要依次建立普查制度、养护制度、价值评估制度和生态保护补偿制度,并鼓励全民参与。目前,我国古树名木生态保护补偿制度还处于积极探索阶段,国务院办公厅发布的《关于健全生态保护补偿机制的意见》,对补偿标准和专项资金等提出了具体的要求。一是完善法律法规和政策框架。依据《古树名木保护条例》和《生态保护补偿条例》,明确古树名木生态保护补偿的法律基础和实施路径。将古树名木保护管理情况纳入领导干部自然资源资产离任审计,强化地方政府的责任意识。二是明确补偿主体和对象。补偿主体包括各级人民政府、相关部门及社会力量。补偿对象为古树名木的养护责任人、保护区域内的居民或集体组织。三是建立多元化的补偿方式。具体包括:①财政补偿。通过中央和地方财政转移支付,设立古树名木保护专项资金,用于古树名木的养护、复壮、保护设施建设等。②市场机制补偿。不断探索生态产品交易、生态补偿基金等市场化手段,鼓励社会力量通过认捐、认养等方式参与古树名木保护。③对口协作与产业扶持。结合乡村振兴战略,通过产业转移、人才培训、共建园区等方式,促进古树名木保护与地方经济发展的良性互动。

参考文献

段新霞,侯金萍,2015.古树名木的保护措施与复壮技术探讨[J].农业与技术,35(5):118-119+142.

李程,罗鹏,邓秀秀,等,2015.古树名木生长状况与环境因子关系研究:以浙江省古樟树为例[J].中南林业科技大学学报,35(11):86-93.

刘俊,曾德华,唐宪,等,2013.三亚市古树名木资源现状分析[J].热带林业,41(2):41-44+35.

钱万惠,赵庆,胡柔璇,等,2021.佛山市南海区古树资源特征分析与利用规划设计[J].林业与环境科学,37(6):58-67.

万美强,2014.山地城市多层次生态绿地系统规划研究[D].武汉:中国地质大学.

王金南,刘桂环,文一惠,等,2016.构建中国生态保护补偿制度创新路线图:《关于健全生态保护补偿机制的意见》解读[J].环境保护,44(10):14-18.

吴佳,黄宏亮,黄继育,等,2021.安吉县古树名木资源和保护策略研究[J].浙江林业科技,41(4):114-121.

吴征镒,周浙昆,孙航,等,2006.种子植物分布区类型及其起源和分化[M].昆明:云南科技出版社.

夏甜甜,吴青萱,林子皓,等,2022.济南中山公园古侧柏健康评价与分级保护[J].安徽农业科学,50(22):106-110.

郑坤,罗婷文,徐志搏,2022.我国城市古树名木保护策略探析[J].林草政策研究,2(2):33-39.

FAISON K E,2014. Large old tree declines at broad scales:a more complicated story[J]. Conservation Letters,7(1):70-71.

LINDENMAYER D B,LAURANCE W F,FRANKLIN F J,et al.,2014. New policies for old trees:avertinga global crisisina key stone ecological structure[J]. Conservation Letters,7(1):61-69.

LINDENMAYER D B ,LAURANCE W F ,2017. The ecology,distribution,conservation and management of large old trees[J]. Biological Reviews of the Cambridge Philosophical Society,92(3):1434-1458.

LINDENMAYER D B,LAURANCE W F,2016. The unique challenges of conserving large old trees[J]. Trends in Ecology Evolution,31(6):416-418.

XIE C,DONG W,LIU D,2020. Species diversity and distribution pattern of old trees in Wuzhong district,Suzhou city[J]. Pakistan Journal of Botany,52(4):1335-1343.